科普热点

蓝色星球
——高科技与环保

黄明哲 主编

中国科学技术出版社
·北京·

U0346006

图书在版编目(CIP)数据

蓝色星球：高科技与环保/黄明哲主编.—北京：中国科学技术出版社，2013（2019.9重印）

（科普热点）

ISBN 978-7-5046-5754-1

Ⅰ.①蓝... Ⅱ.①黄... Ⅲ.①高技术 – 应用 – 环境保护 – 普及读物 Ⅳ.①X-49

中国版本图书馆CIP数据核字（2011）第005497号

中国科学技术出版社出版

北京市海淀区中关村南大街16号　邮政编码：100081

电话：010-62173865　传真：010-62173081

http://www.cspbooks.com.cn

中国科学技术出版社有限公司发行部发行

莱芜市凤城印务有限公司印刷

*

开本：700毫米×1000毫米　1/16　印张：10　字数：200千字

2013年1月第1版　2019年9月第2次印刷

ISBN 978-7-5046-5754-1/X·108

印数：5001-25000册　定价：29.90元

科学是理想的灯塔！

她是好奇的孩子，飞上了月亮，又飞向火星；观测了银河，还要观测宇宙的边际。

她是智慧的母亲，挺身抗击灾害，究极天地自然，检测地震海啸，防患于未然。

她是伟大的造梦师，在大银幕上排山倒海、星际大战，让古老的魔杖幻化耀眼的光芒……

科学助推心智的成长！

电脑延伸大脑，网络提升生活，人类正走向虚拟生存。

进化路漫漫，基因中微小的差异，化作生命形态的千差万别，我们都是幸运儿。

穿越时空，科学使木乃伊说出了千年前的故事，寻找恐龙的后裔，复原珍贵的文物，重现失落的文明。

科学与人文联手，人类变得更加睿智，与自然和谐，走向可持续发展……

《科普热点》丛书全面展示宇宙、航天、网络、影视、基因、考古等最新科技进展，邀您驶入实现理想的快车道，畅享心智成长的科学之旅！

作　者

2013年1月

目　录

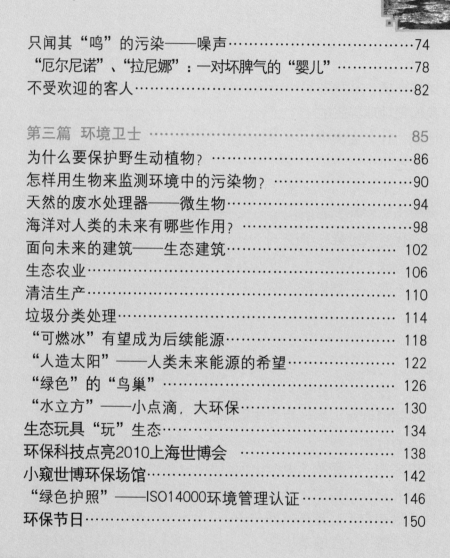

第一篇
环境困局

保护环境 从我做起

大家知道，环境可是我们全人类赖以生存的基础啊！但是随着工业的发展，环境污染问题却越来越严重！保护环境与国家的安定、经济的增长、社会的发展、人类身心的健康息息相关，它是每一位公民应尽的责任！

冰川消融：消融中的冰川有力地证明了全球正在变暖，然而事情并非仅限于此。冰川消融就短期来看，将会有暴发特大洪水的危险。当冰川消失的时候，从中国到美国加州的世界许多地方的夏季河水水位将会上涨。而冰川全部融化后可将海平面升高80米，从而淹没人类的大部分居住区。

问问我们的爷爷奶奶，或者是我们的父辈们，全球的气候是不是在变暖？他们或者会饶有兴致地给你讲他们小时候的不同季节是如何如何的，从而告诉你他们都觉得气温在上升！

真的，从整体趋势来看，全球在变暖，尤其是进入20世纪80年代后，全球变暖尤为明显！而全球变暖可以融化冰川，瓦解冻土，使海平面上升。据有关专家预计，海平面的上升会使许多人口稠密的地区被水淹没！大家想象一下，当真正面临这一状况时,那么多人的生存状况是什么样子呢?

想必大家都知道臭氧层吧,它具有保护地球上生命的作用!可是由于人类向大气中排入的污染物,臭氧层受到了极为严重的破坏。南极的臭氧层空洞,就是臭氧层被破坏的最显著的标志之一,南极上空的臭氧层是在20亿年里形成的,可是短短的一个世纪就被破坏了60%。大家想想,这会给我们带来多大的危害呢!

我们知道,水是生命的源泉!地球上可供饮用和其他生活用途的淡水本来就少,可人类又大量地滥用、浪费和污染水资源,目前世界上100多个国家和地区缺水,其中28个国家和地区严重缺水。有关人员预测再过几十年,严重缺水的国家和地区将达46~52个,而缺水人口将达28亿~33亿人。全球淡水危机也是日趋严重啊!

另外,普遍存在的环境问题还有土地荒漠化、生物多样性锐减、噪声污染、垃圾成灾等等。

看看吧,这么多的环境问题已经让我们的大地母亲惨不可睹,忍无可忍;正如恩格斯所说:

臭氧空洞:臭氧空洞是人类生产生活中向大气排放的氯氟烃等化学物质在扩散至平流层后与臭氧发生化学反应,导致臭氧层反应区产生臭氧含量降低的现象。大气中的臭氧每减少1%,照射到地面的紫外线就会增加2%,从而使人类罹患皮肤癌的概率增加3%,而若臭氧层全部遭到破坏,太阳紫外线就会杀死所有陆地生命,人类也遭到"灭顶之灾",地球将会成为无任何生命的不毛之地。

蓝色星球——高科技与环保

"我们不要过分陶醉于我们对自然界的胜利。对于每一次这样的胜利，自然界都报复了我们。"

亲爱的朋友们，大家想想看，环境问题这么严重，我们的子孙后代可该怎么办呢？别说是他们，或许我们的未来就会让我们痛心疾首、悔恨不已呢！

1972年6月联合国组织了"第一届联合国人类环境会议"，从此，环境保护成为世界各国政府和人民重要而又艰巨的任务，它也是我国的一项基本国策。保护环境，乃是匹夫有责！

作为新时代的我们更要提高环保意识，"勿以恶小而为之，勿以善小而不为"，让我们从我做起、从小事做起、从身边做起、从现在做起，为保护环境贡献自己的一份力量！

▼ 工业废料污染水源

我们把地球弄哭啦

　　地球在哭泣，弄哭她的是她的最优秀的孩子——人类。从我们人类诞生的那一天开始地球就为我们提供了所需的一切，她养育了我们，我们却无情地伤害了她。我们不顾地球的承受能力任意地繁衍，肆无忌惮地掠夺，无情地破坏和浪费，使我们的地球母亲百病缠身、千疮百孔，不堪重负。我们真是一群不孝的儿女！

▲ 气候变暖导致洪水等自然灾害频发

有科学家做过这样的统计，从地球出现了人类这个奇妙的生灵以来，人口数量以加速度的方式增长：10万年前，地球上的人口总数约为320万；2000多年前的公元初，约3.2亿；到17世纪中叶工业革命开始之际，5.5亿；19世纪末猛窜至17亿，200年内增加了11.5亿；第二次世界大战后，全球人口已升至25亿，50年里增长13.5亿；1980年全球人口达44亿，30多年里增加了19亿；到2000年10月12日，据联合国宣布，全球人口超过60亿；预计到2110年，世界人口将达105亿多……而科学家们计算，地球所能提供的食物只能养活近百亿人。人口爆炸使地球可供给人类的自然资源逐步达到极限，"僧多粥少"迫使人们加快对自然界的掠夺，甚至杀鸡取卵，竭泽而渔。结果大量土地被开垦，森林被砍伐，生物被捕杀，水源日益紧缺，土地荒漠化，水土流失严重！地球，已经不能承受生命之重啦！

据统计，世界上目前每天约有2万多名儿童因缺水而死去，每年有1300多公顷热带雨林消失。整个撒哈拉南部非洲森林砍伐和植树之比为29∶1，造成水土流失加快，土壤进一步沙漠

2012年真的会是世界末日吗？看过电影《2012》的很多人都有这个疑问。不过不用担心，科学家们已经做过很专业的解释，虽然地球已被我们弄得千疮百孔，但我们年轻的地球刚走过40多亿年，正在青春旺盛时期，2012年地球不会爆炸，天也不会突然塌下来。不过，世界末日总有一天会到来，我们现在要做的就是让它来得更晚一些。

环保的典范——绿色汽车。绿色汽车是对环保型汽车的美称。目前已有多种类型的绿色汽车问世，如新型柴油车、混合动力驱动车、电动汽车、氢气汽车、太阳能汽车等。它们的共同特点就是造成的污染少，对环境的破坏小并且节能。随着科技的发展，将来会有更多、更好的绿色汽车出现，让我们拭目以待吧。

化，自然灾害愈益频繁，使这一地区一直处于大饥荒的威胁之下。

另外，二氧化碳、氮氧化物等工业废气大量被排放，使全球气温升高。近50年来，全球始终在变暖。海平面到21世纪中叶将上升1米以上，大片的陆地化为海床。气候变暖导致干旱、洪水、暴风等自然灾害频繁发生，热带、亚热带农作物大面积减产，生态失衡严重。有害气体大量向空中排放，使大气臭氧层也遭到了严重破坏。近几年中，有害气体的排放量不但没有减少，反而有所增加。目前，南极上空的臭氧空洞已达2000多万平方千米，大约是欧洲大陆面积的两倍。此外，工业废气所造成的酸雨、毒雾，也给生灵带来不尽的灾难。酸雨所到之处，植物枯败，土壤酸化，水体变质，建筑物遭腐蚀。

科学家们认为，上述这些环境问题的产生与环境恶化、生态失衡、全球性气温升高有密切关系。而这一切，又是由人类自身无限度地改造自然的行为造成的。

"如今，地球已经千疮百孔，不堪重负，在呻吟，在哭泣，也在对人类进行着无情的报复。

遭酸雨腐蚀的树林

地球为什么会发烧？

人会感冒发烧，浑身滚烫，地球也会。近些年来，世界各地的气温都在升高，热带更热而寒带不再冷，冬季成了暖冬，夏季变成酷夏，"热"成了世界的主题。2010年的夏天，让我们知道了原来在咱们中国除了重庆、武汉等这些南方"火炉"之外，还有北方"火炉"——北京。地面温度能达六十多摄氏度，公交车都自燃啦，这个夏天的北京让它的居民们活活体验了一把被"烧烤"的感觉。那么，为什么会这样呢？地球为什么会发烧呢？而且还烧得那么厉害？

"温室效应导致剂"——氟利昂。在所有的温室气体当中，只有氟利昂是自然界中不存在的，纯粹是人类在工业上制造出来的。人类利用氟利昂来制造冰箱里的制冷剂、工业上的喷雾剂、农田里的杀虫剂和化工行业中的泡沫剂和清洗剂，在人类制造和使用这些制剂的过程中，氟利昂便大量地进入大气成为"温室效应的导致剂"。

地球"发烧"的学名叫全球变暖，造成全球变暖的主要责任无疑要由人类来承担。因为自工业革命以来，人类向大气中排入的二氧化碳等吸热性强的温室气体逐年增加，大气的温室效应也随之不断加剧。从而，引起了地球"发烧"这种现象，这不但给地球和其他生物造成了危害，也给我们人类自身带来了灾难。

那么温室效应又是怎么回事呢？温室效应，又称"花房效应"，是大气保温效应的俗称。大气能使太阳短波辐射到达地面，但地表向外放出的长波热辐射线却被大气吸收，这样就使地表与低层大气温度升高，因其作用类似于栽培农作物的温室，故名温室效应。

在引起温室效应的气体中，二氧化碳可谓是举足轻重。随着工业革命的发展，人类越来越多地从地球上获取大量的化石燃料作为能源，化石燃料在燃烧过程中释放出大量的二氧化碳，大大增加了大气中二氧化碳的浓度。另外，由于人类缺乏环保意识，为了追求短期利益，大量地砍伐

▼ 温室效应又被称为
"花房效应"

全球变暖将导致新冰川期的来临！全球变暖有个非常严重的后果，就是导致冰川期来临。南极冰盖的融化导致大量淡水注入海洋，海水密度降低。"大洋输送带"因此而逐渐停止：暖流不能到达寒冷海域；寒流不能到达温暖海域。从而使全球温度降低，另一个冰河时代将来临，北半球大部分会被冰封，一阵接着一阵的暴风雪和龙卷风将横扫大陆。

森林，使原来能以有机形式储藏起来的二氧化碳重新释放到大气当中，这也造成了大气中二氧化碳的浓度大大增加。因此，大气中二氧化碳浓度的急剧增加成为了温室效应加剧、全球变暖、地球"发烧"的主要原因。

自从20世纪80年代以来，温室效应导致的全球变暖越来越明显。全球变暖造成世界各地的气候异常，引起了各种灾难，如干旱、洪涝、海平面上升、土地荒漠化，进而诱发沙尘暴、泥石流、海水倒灌、沙尘暴等灾害，给人类的生命财

化石燃料在燃烧过程中释放大量二氧化碳

产安全带来了极大的威胁。

目前世界各国以及很多国际组织都在采取措施来防止全球变暖的进一步加剧，采取的主要措施有：开发化石燃料的替代能源；对化石燃料的生产与消费，依比例课税；改善其他各种场合的能源使用效率；制定推出保护森林的法案；全面禁用氟氯碳化物等。我们有理由相信，通过世界人民的共同努力，全球变暖问题总有一天会被解决的。

▶ 冰盖融化导致
大量淡水注入海洋

北极地区生活着一群神秘的动物——独角鲸，这是一种长着一根长长牙齿的奇特鲸鱼。人们过去常常把独角鲸看成是传说中独角兽的化身，一些国家的王室甚至把它的牙齿当成驱魔与解毒的工具。但是，如今这种奇特的动物濒临灭绝。

▲ 今天物种消亡的速度要比自然速度快一万倍

1999年9月14日新华社发布了一则新闻称：
"美国多家环保组织联合发出警告，按照当前的
趋势发展下去，地球上将有一半的植物和动物物
种有可能在50年之内消失。他们说，今天物种死
亡的速度要比自然速度快一万倍，达到了每天50
到100种的惊人程度，是过去6500万年以来最快
的。"这是警告同时也是一个悲剧性的预言，那
么十多年过去了这个预言是否在得到证实呢？让
人遗憾的是，答案是肯定的。

据英国《卫报》报道，从2000年到2009年短
短的十年间，从中华白鳍豚到圣赫勒拿岛红杉，
因为过度捕猎和开采、栖息地丧失、气候变化、
污染以及人类其他活动，这些大自然的精灵们，
一些已在野生环境中消失，或者被宣告彻底灭
绝。更为严重的是在这十年间，濒临灭绝的物种
数量正在大幅度增加。

据世界自然保护联盟2007年发布的《2007
受威胁物种红色名录》，显示2007年全球有
16306种动植物面临灭绝危机，比起2006年又增
加了188种，占了所评估的全部物种的近40%；
2009年7月4日，英国《太阳报》报道，至2009年

生物经历了5次自然大
灭绝。第一次是奥陶纪－志
留纪之交大灭绝，原因是全
球气候变化，约有100个科
的生物灭绝；第二次是晚泥
盆纪弗拉斯期－法门期之交
大灭绝，原因是气候变冷，
造成70%物种消失；第三
次是二叠纪－三叠纪之交大
灭绝，发生于2.5亿年前，
造成物种数减少90%以上；
第四次是三叠纪－侏罗纪之
交大灭绝，灭绝程度也较小，
恐龙崛起；第五次是白垩纪－
第三纪之交大灭绝，造成恐
龙灭绝。

蓝色星球——

高科技与环保

荷兰考古学家称人类225万年后灭绝，硕鼠将成主宰。荷兰通过研究发现，地球绕太阳的轨道每隔约250万年就会变成椭圆形，从而使地球进入超寒冰河时代，造成生物大灭绝。智人已在地球上出现了25万年，所以人类最多再延续225万年，就会迎来下一个寒冷的冰河时代，进而灭绝。而一种能够抵御极度寒冷的硕鼠将可能统治地球。

世界上有44838种野生物种面临生存威胁，其中有16928种面临灭绝，比2007年增加了622种；2010年全球濒危物种"红皮书"（Red List）显示，2010年约有17500种面临灭绝威胁的物种。另外，这十年间除了中华白鳍豚、圣赫勒拿岛红杉被认定为灭绝物种外，还有西非黑犀牛、夏威夷乌鸦、毛岛蜜雀、伍德苏铁等世界珍奇动植物也都灭绝了。这一切仿佛都在向我们印证着十几年前的那个警告，那个预言。但是，悲剧并没有至此结束，而是在继续发生着。

近年来，有科学家指出地球正在进入第六次物种大灭绝。在地质史上，由于地质变化和大

▶ 圣赫勒拿岛红杉

灾变，生物经历过5次自然大灭绝。现在，由于人类活动造成的影响，物种灭绝速度比自然灭绝速度快了10000倍，因此地球进入第六次大灭绝时期。这是现代人类真正经历的第一次物种大灭绝。这次物种大灭绝由人类活动引发，具体表现为：植物生存环境被破坏、气候变化、外来物种入侵、自然资源过度使用和污染等因素，造成许多物种灭绝或濒临灭绝。有专家甚至预测21世纪末全球八成物种将灭绝！

　　从上述数据和目前的现状来看，地球上的物种显然面临着严重的灭绝危机，这种危机不仅仅是地球上其他生物的，同样也是人类的。因为当其他地球生物都灭绝了，人类也就走到了尽头。

水,未来战争的导火索

　　水是生命之源,没有水的世界,将是死亡的世界。随着地球生态环境的日益恶化和人口的快速膨胀,水资源越来越紧张,人类对水资源的争夺也日益加剧。有专家预言,水资源将成为本世纪人类大规模战争的主要导火索。

▲ 从尼罗河取水的国家一直在忍受干渴

　　世界银行副行长伊斯梅尔·萨拉杰丁曾预言:"20世纪的许多战争都是因石油而起,21世纪水将成为引发战争的根源。"萨拉杰丁的预言在20世纪的最后几十年已得到了初步印证,因水资源而引发争端的趋势已在中东、亚非洲部分地区初见端倪，其中以沙漠气候为主的中东地区表现尤为突出。

在过去四五十年里，几乎中东进行的每一场战争中，双方都将摧毁敌人的供水系统和水源作为首要的战略目标。因此，在中东，各国一直将水资源作为国家的战略物资看待。

首批承认水和水源是战略资产的人是犹太人。中东和平进程的设计师之一，以色列已故总理拉宾曾经警告说："如果我们解决了中东的所有其他问题，但没有令人满意地解决水的问题，那么，我们的地区将会爆炸。"显然，这位杰出的人物说出了一个真理。

比起中东地区，水对于非洲就更为重要了。联合国环境规划署指出，非洲是目前世界上缺水最严重的地区，在全球没有安全饮用水的比例最高的25个国家中有 19个是非洲国家。埃及、埃塞俄比亚、突尼斯和苏丹等8个国家早已饱受缺水的压力。这些从尼罗河取水的国家一直在忍受 "干渴"造成的痛苦。尼罗河流经的10个国家中，卷入河水争执的首先是苏丹、埃塞俄比亚和埃及。苏丹直到最近都一再威胁埃及要关上生

北美有 4100 万人每天喝"药水"。北美有丰富的淡水资源，但有时还是感到水资源不足的压力。某些城市也存在供水紧张、饮用水存在安全隐患的问题。据最近进行的一项水调查发现，美国有 4100 万人的饮用水中含有多种药物成分，包括抗生素、镇静剂等。尽管饮用水中药物含量甚微，但科学家担心，通过饮水长期摄入这些药物可能会危害健康。

水危机又提前20年。2006年，斯里兰卡国际水资源管理研究所在"世界用水周"开始之际公布了一份报告。在对各国的水资源进行细致的分析后，研究人员向公众描述了一个令人担忧的现状：迄今为止，全球已有1/3人口面临水资源短缺的困境，这一天的到来较之此前预测的2025年，足足提前了20年。

命攸关的水龙头。

为了水资源问题，埃及除了同苏丹有麻烦外，还同埃塞俄比亚有纠纷。埃塞俄比亚控制着尼罗河的各条支流。埃塞俄比亚认为，一条河流沿岸的任何国家，在没有与相关国家达成协议的前提下，有权利单方面开发国内的水资源。因此，1991年在和苏丹达成合作协议的情况下，打算从尼罗河取40亿立方米水以满足本国的需要。由于埃及坚决反对，以及技术和国内政治上的原因，埃塞俄比亚的计划未能实现。

除了中东和非洲外，其他大洲和地区也都面临着水资源短缺的问题。一些美国国际形势专家认为，如果说石油资

▲ 非洲是目前世界上缺水最严重的地区

源是20世纪最紧俏的资源，那么21世纪最紧俏的资源将是水资源。而水资源紧缺的前三个国家是中国、印度和美国。法国、德国、日本、新加坡、泰国等也存在不同程度的水资源短缺现象。

　　为了应对水资源短缺问题，世界各国都在采取对策。如建水利基础设施；利用雨水灌溉；加强水资源的监测、预报、调度；提倡节约用水；出台相关法律等。但愿在不远的将来这条战争的"导火线"能被化解掉。

▶ 21世纪，水将成为引发战争的根源

大气污染物都有哪些？

蓝色星球——高科技与环保

好怀念儿时躺在自家小院里数星星的日子，那是多么美好而浪漫的时光，那时的夜空繁星闪耀，令人神往。但是，那样的时光已一去不复返了，如今仰望星空已经成为了一种奢望。是什么遮住了繁星？是什么遮住了我们儿时的美好？

▲ 大气污染几乎遍及地球的每个角落

没见过银河的一代。目前，中国正处在城市化加速发展的时期，酸雨、灰霾和光化学烟雾等区域性大气污染问题日益突出，"北京、上海等大城市的夜空看不到明亮的星星"成了人们关注的热门话题，不少"90后"更成了"没见过银河的一代"。

自从人类社会进入工业时代，大量的大气污染物产生，大气污染日益严重起来。今天我们已很难在地球上找到一块没被污染的蔚蓝天空，也很难再呼吸到一口未被污染的新鲜空气。大气污染几乎遍及了地球的每个角落，这是一个可悲但又真实存在的事实。那么是什么物质引起了大气污染呢？

　　根据世界卫生组织(WHO)的研究，造成大气污染的物质，主要有颗粒物、硫氧化物、氮氧化物、一氧化碳和碳氢化合物等。颗粒物质就是指飘浮在大气中的固体和液体微粒。它们是大气污染物中阻挡人类视线的主要物质，因此，它们会影响天文观测、诱发交通事故，还可能腐蚀建筑物、通信设备等。另外，直径在10微米以下的颗粒被称为可吸入颗粒物（PM10），可以直接深入人的肺泡，甚至进入肺泡，从而引发各种病变。

▼　城市化进程中区域性大气污染问题也日渐突出

▲城市中一半以上的碳氢化合物是由车辆尾气排出的

硫氧化物是指二氧化硫和三氧化硫。大气中的硫氧化物绝大部分来自煤和石油的燃烧。硫氧化物对人体的危害主要是刺激人的呼吸系统，诱发慢性呼吸道疾病，甚至引起肺水肿和肺心病。如果硫氧化物与颗粒物一起进入肺部，其危害程度可增加3~4倍。

氮氧化物主要指一氧化氮和二氧化氮。一氧化氮本身对人体没有危害，但当它转变成二氧化氮时，就具有腐蚀性和生理刺激作用。因此，许多城市的环境空气质量周报中，常常报二氧化氮的指数而不报一氧化氮的指数。

一氧化碳是排放量最大的大气污染物之

一。一氧化碳能与血红蛋白结合成碳氧血红蛋白，从而降低血红蛋白的输送氧气的能力，造成体内缺氧。另外，一氧化碳还会减慢氧合血红蛋白的解离过程，使体内氧气不能释放而造成缺氧。而且，一氧化碳还会麻痹支配肌肉运动的神经末梢，因此中毒初期，尽管患者心里明白，但手足已不听使唤，要想采取自救措施几乎不可能，所以其危险性很大。

碳氢化合物是指只含碳和氢的化合物。大气中的碳氢化合物一部分来自有机物的腐烂，更大一部分是由于广泛使用石油、天然气作为燃料和工业原料而造成的。在城市里，有一半以上的碳氢化合物是由车辆尾气排出的。其次是石油化工生产和以石油作溶剂的油漆、涂料等在制造和使用过程中蒸发逸出的。碳氢化合物容易与氮氧化物结合起来形成一种可怕的光化学烟雾，危害人们的健康和生命。

以上这些大气污染物绝大部分都是由人类活动而产生的，它们不但危害地球和其他的生物，也给我们自己带来了灾难，真的是应了那句老话——自作自受，搬起石头砸了自己的脚！

可怕的烟雾——光化学烟雾。光化学烟雾是一种淡蓝色烟雾，是由最初的污染物质光解而产生的。属于大气中二次污染物。20世纪40年代之后，美国洛杉矶、日本东京、英国伦敦、中国北京等均发生过光化学烟雾现象。

第三代空气污染知多少

随着社会和经济的发展，空气污染也经历了三代：第一代是工业社会刚刚起步的时候，燃煤造成的"煤烟型污染"；第二代污染是汽车工业发展起来后造成的"光化学烟雾型污染"；第三代污染就是现在正在经历着的室内空气污染。

有机溶剂是能溶解一些不溶于水的物质（如油脂、蜡、树脂、橡胶、染料等）的一类有机化合物，在常温常压下呈液态，具有较大的挥发性。有机溶剂常存在于涂料、黏合剂、漆和清洁剂中。人若长时间吸入有机溶剂之蒸气将会慢性中毒，但短时间暴露高浓度有机溶剂蒸气之下，也会有急性中毒致命的危险。

知道吗，不仅室外的大气环境质量对我们的健康有影响，室内空气质量更是与我们紧密相连的。居民几乎80%的时间是在室内度过的，所以室内空气质量更不容小觑哦！现在人们的居室装修越来越漂亮，也越来越讲究，以往的砖木结构逐渐被高性能的塑料及钢铁所取代，美观大方、经济实用的化学用品充斥着房间，殊不知，复杂的室内空气污染也悄然而至了。

目前室内空气污染主要有化学性污染、放射性污染和生物性污染。

化学性污染呢，主要来自于化纤地毯、地板革、新家具的油漆以及各种塑料贴面、现代装修使用的黏合剂等，它们均含有甲醛等各种有机溶剂,散发出有机化合物气体,使人感到头晕、恶心、呕吐、浑身乏力,精神萎靡不振,降低人的免疫功能,甚至诱发癌症。

据调查,室内比较常见的5种有毒的放射性物质依次为:氡、甲醛、苯、酯、三氯乙烯。新装修的住宅中,氡主要由混凝土、碳化砖(最严重)、水泥、砖头、石膏板、花岗岩及供水系统所含的放射性元素衰变后释放而来的。它可以通过人的呼吸道进入肺部,逐步破坏肺部细胞组织,引起各种疾病;甲醛是一种主要的致癌物质,主要来自于保湿材料、绝缘材料、地板胶、涂料、塑料贴面等;苯主要来自于合成纤维、塑料、燃料、橡胶等,它可以抑制人体造血功能,致使白细胞、红细胞、血小板减少;酯、三氯乙烯主要来自油漆、干洗

▲ 化纤地毯常常引发化学性污染

剂、粘贴剂等，它对人体黏膜有很大刺激性，可以引起持久的眼膜炎、咽喉炎等。

其实，居室内也不宜铺地毯，地毯容易引起生物污染。特别是在我国江南等潮湿温暖地区，羊毛、合成羊毛或腈纶地毯极易生长尘螨。据调查，每平方米地毯上通常有 4 克灰尘，每克灰尘中至少有 800 只螨。不管死、活或蜕皮，尘螨均可引起哮喘等多种疾病。

看来，室内装修马虎不得，选料要认真，用料尽可能简朴，装修好以后最好1~3个月内不住人；平时生活中要注意改善居室生态环境，早晚开开窗，安装换气扇等通风设置，加强空气流通；另外，室内可以栽植像月季、天竺葵等植物，它们

▶ 很多植物可以帮助净化室内空气

既有观赏价值、美化功能，又能吸收有毒物质，真是一举三得呢！

生物污染，指由可导致人体疾病的各种生物特别是寄生虫、细菌和病毒等引起的环境（大气、水、土壤）和食品的污染，它具有以下特点，一是预测难，二是潜伏期长，三是破坏性大，不仅危害生物多样性，还会危害人类健康。

▲ 油漆中含有酯、三氯乙烯等刺激性物质

深邃海底，何时沦为"垃圾天堂"

　　美丽的海生动物游来游去、互相嬉戏，婀娜多姿的海生植物在海水的推动下翩翩起舞，同时蕴藏着丰富的矿物质——这是很多人对海底世界的印象，但是近年来，绚烂海底却成了环境污染的牺牲品……

▲ 海洋中漂浮的垃圾

　　不知何时起，各式各样的垃圾源源不断地涌入海底，海底成为了废弃物的"游乐场"，而今世界上各大海洋都或多或少地受到了污染。最新调查显示，地中海已经成为世界上污染最严重的海。现今在地中海海滨游泳，人们可以轻易地看见海水里飘荡的垃圾。在地中海位于西班牙的水域，人们有可能在每平方米水里看到33种残渣。如瓶子、塑料袋、缆绳、汽车轮胎等等，使地中海海底变得非常"丰富"，也对大型海洋生物构成了严重的威胁。大塑料袋子和瓶子常常把它们缠住或者封闭住使之不能呼吸而窒息死亡。

在太平洋中心某处，人类的生活垃圾和建筑垃圾不断在这里聚集，而且随着洋流的运动垃圾带变得越来越大，以至于现在根本无法预测它的面积。这

原子反应堆，又称为核反应堆或反应堆，是装配了核燃料以实现大规模可控制裂变链式反应的装置。它是核电站的心脏。核裂变时既释放出大量能量，又释放出大量中子。核反应堆主要用于发电，但它在其它方面也有广泛的应用。例如核能供热、核动力等。

◀ 垃圾上附着的海洋生物

里有桶状的残骸物，上面已经长满了各种生物体。在这片垃圾带中，到处都充斥着电灯泡、瓶盖、旧牙刷、冰棒棍、塑料碎片等各类生活垃圾。而它每十年大约会增多一倍。科学家们认为，这片垃圾带仅仅是全球海洋中众多垃圾带中的一个。在海洋学者看来，像这样巨大的垃圾带，全球至少还有4个。

海洋曾是人类的战场，而当人类的角逐结束后，海洋本身就又展开了一场新的生态战争：海洋生物与污染物争夺生态环境的斗争。海底的废旧武器堆，如废弃炮弹、水雷等，堆积如山。据有关方面统计，海底布下的水雷就有31万颗左右，还有相当一部分没有引爆，随时有

▶ 珍珠港轰炸中沉没的
美军潜水艇

32

可能意外爆炸。全球海洋底部至少有50个核弹头和11个原子反应堆,其危害期可持续2万多年。战争中的核潜艇沉没造成的放射性污染要比核电站事故大100倍之多!

更为可怕的是,日本的科学研究人员在东京湾和伊豆诸岛以东4033米海底及马里亚纳海沟的淤泥中发现了大量豚毒,这种毒不是一般的毒,它的毒性要比氰化钾毒性大500~1000倍!

其实,这样的例子数不胜数。海洋被大规模开发与大肆污染的今天,她奉献给人类的是"珠宝",而人类回报海洋的却是"粪土"。海底不再是一个神秘、洁净的世界,美丽的"海洋天堂"何时会回来呢?

核潜艇是核动力潜艇的简称,是潜艇中的一种类型。其动力装置是核反应堆。世界上第一艘核潜艇是美国的"鹦鹉螺"号,1957年1月17日开始试航,它宣告了核动力潜艇的诞生。目前全世界公开宣称拥有核潜艇的国家有6个,分别为:美国、俄罗斯、中国、英国、法国、印度。其中美国和俄罗斯拥有核潜艇最多。

33

地球之盾——臭氧层

众所周知，地球上一切生命所需的能量都来自太阳。但是，如果太阳光不受任何阻挡直接照到地球上，那么地球上的一切生命都将不可能存在。因为，太阳在普照大地的同时还要辐射各种各样的紫外线，它们对生物具有很大的杀伤力。这些紫外线辐射只占太阳总发射量的5%左右，但如果它们全部辐射到地球，那么地球上的生物将会毁灭殆尽。幸运的是，我们有阻挡它们的"盾牌"——臭氧层。

臭氧层空洞的形成。臭氧层空洞是大气平流层中臭氧浓度大量减少的空域。臭氧层空洞成因，一般认为，工业上大量使用氟里昂气体是破坏臭氧层的主要原因。当氟里昂被大气环流带到平流层时，由于受太阳紫外线的照射，容易形成游离的氯离子。这些氯离子容易与臭氧起化学反应，把臭氧变成氧分子和氧原子，从而使臭氧总量减少，形成了臭氧层空洞。

臭氧层是指大气层的平流层中臭氧浓度相对较高的部分，其主要作用是吸收短波紫外线，从而保护了地球生物免受紫外线的侵害。大气层的臭氧主要以紫外线打击双原子的氧气，把它分为两个原子，然后每个原子和没有分裂的氧合并成臭氧。臭氧分子不稳定，紫外线照射之后又分为氧气分子和氧原子，形成一个连续的过程——臭氧-氧气的循环，如此产生臭氧层。自然界中的臭氧层大多分布在离地20~50千米的高空。臭氧在大气中只占百万分之一，如果把地球上平流层中所有的臭氧压缩到一个大气压，只有

2.5毫米厚，我们可以想象
是多么薄的一层。但是，正
是由于这薄薄的臭氧层的
存在，才为多细胞植物和动
物的生存提供了前提条件。
所以，我们把臭氧层比做保护
地球生物生存繁衍的"地球
之盾"。

▲ 雷电作用也会产生臭氧

　　臭氧层中的臭氧主要是由
紫外线制造的。此外，雷电作用也产生臭氧。正
因为如此，雷雨过后，人们才会感到空气清爽，
人们也愿意到郊外的森林、山间去呼吸大自

　　紫外线对人体的危害。适
量的紫外线对人体健康有益，
但接触过量的紫外线就会诱
发头痛、头晕、体温升高甚至
引起皮肤癌。另外对眼睛的损
伤十分明显，引起结膜炎、角
膜炎，还有可能诱发白内障。
其过量照射皮肤，可引起血管
扩张，出现红斑、瘙痒、水
肿等；长期照射可使皮肤干燥、
失去弹性和老化。

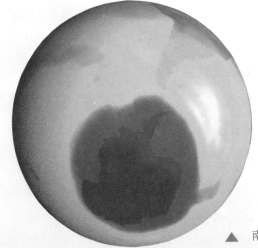

▲ 南极洲上空的臭氧层空洞

臭氧在大气中只占百万分之一

▼

然清新的空气，让身心来一次爽爽快快的"洗浴"，这就是臭氧的功效，所以有人说，臭氧是一种干净清爽的气体。臭氧有极强的氧化性，少量的臭氧会使人感到精神振奋；但过强的氧化性也使其具有杀伤作用。一些过敏体质的人，长时间暴露在臭氧含量超过180微克／立方米的环境，会出现皮肤刺痒、咳嗽及鼻炎等症状。

臭氧层除了能够吸收短波紫外线，保护地球上的人类和动植物免遭短波紫外线的伤害外，还具有为大气加热的作用。臭氧吸收太阳光中的紫外线并将其转换为热能加热大气，从而使平流层得以存在。另外，在对流层上部和平流层底部，在这个气温很低的高度，臭氧的作用同样非常重要。如果这一高度的臭氧减少，则会产生使地面气温下降的动力。因此，臭氧的高度分布及变化是极其重要的。

随着人类活动和污染的加剧，臭氧层空洞不断增多扩大，"地球之盾"已遭受到了严重的破坏。如若继续这样下去，臭氧层必然会损失殆尽，到那时人类和所有的地球生物都会在紫外线的辐射下毁灭。

第二篇
环境杀手

蓝色星球——

高科技与环保

无形的污染
——放射性污染

看到肮脏发臭的河流, 你知道小河被污染了; 听到嘈杂的声音, 你明白这是噪声污染, 但并不是所有的污染你都感觉得到, 有一种污染, 它会"隐身", 让你无法看见它的存在, 这就是放射性污染。

▲ 广岛原子弹爆炸

在自然界和人工生产的元素中,有一些能自动发生衰变,并放射出肉眼看不见的射线。这些元素统称为放射性元素或放射性物质。在自然状态下,来自宇宙的射线和地球环境本身的放射性元素一般不会给生物带来危害。20世纪50年代以来,人的活动使得人工辐射和人工放射性物质大大增加,环境中的射线强度随之增强,从而产生了放射性污染。

放射性污染是指由放射性物质所造成的环

▼ 国际原子能机构总部大楼

蓝色星球——高科技与环保

国际原子能机构是国际原子能领域的政府间科学技术合作组织，同时兼管地区原子安全及测量检查。总部在奥地利的维也纳。组织机构包括大会、理事会和秘书处。1957年正式成立以来此机构在保障监督和和平利用核能方面做了大量的工作。

境污染。放射性物质可以通过空气、饮用水及复杂的食物链等多种途径进入人体，或者以外照射的方式危害人类健康，引起放射性疾病。放射性污染很难消除，射线强度只能随时间的推移而减弱。

一般来说，放射性污染的来源有：

原子能工业排放的放射性废物，核武器试验的沉降物以及医疗、科研排出的含有放射性物质的废水、废气、废渣等。另外核潜艇事故、携带核弹的飞机失事、用核电源的人造卫星坠入大气层等事件，同样造成核污染。

▲ 原子能工业排放的放射性废物

在核工业的不同生产环节中,会产生放射性水平各异的放射性废物。那要如何衡量放射水平呢? 为了解决这个问题,国际原子能机构做了如下规定:检验放射性气体或者液体时,把单位体积内具有的放射性强度作为统一的分类标准;而固体废物则按照单位时间内固体表面辐射剂量进行分类。

放射性物质对人体的生态环境有严重的破坏性,破坏的途径一般分为外照射和内照射两种。外照射是由于废物当中含有γ辐射体和部分β辐射体,这些辐射体直接照射人体后对人体内的造血器官、神经系统和消化系统造成损伤。如1945年美国在日本的广岛和长崎投放了两颗原子弹,造成几十万人死亡,大批幸存者也饱受放射病的折磨。内照射是由放射性物质当中的α辐射体造成的。α辐射体通过空气、饮用水及复杂的食物链等多种途径进入人体,积蓄在不同的器官上,产生破坏作用,而且这种照射作用具有积累性,比外照射的危害更加严重。

核武器试验的沉降物,指在进行大气层、地面或地下核试验时,排入大气中的放射性物质与大气中的飘尘相结合,由于重力作用或雨雪的冲刷而沉降于地球表面的物质。其播散的范围很大,可沉降到整个地球表面,且沉降很慢,一般需几个月甚至几年才能落到大气对流层或地面。

重新"受宠"的核电

由于石油、天然气和煤的成本不断攀升，目前，世界各国都在打核能的主意。一度受到冷落的核能发电，在国际能源结构中的地位将逐步提高，核电站建设也成为世界各国的热点话题。

▶ 核燃料的运输与储存
　都很方便

核电站，又称原子能发电站，就是利用一座或若干座动力反应堆所产生的热能来发电或发电兼供热的动力设施。反应堆是核电站的关键设备。目前世界上核电站常用的反应堆有压水堆、沸水堆、重水堆和改进型气冷堆以及快堆等。但用得最广泛的是压水反应堆。目前,全世界已经有400多座核电站,年发电量占全世界总发电量的17%,其中,法国核电装机占世界总装机的78%。

　　核电有很多优点。首先,核能发电不像化石燃料发电那样排放巨量的污染物质到大气中,因此核能发电不会造成空气污染。其次,核能发电不会产生加重地球温室效应的二氧化碳。另外核燃料能量密度比起化石燃料高上几百万倍,故核能电厂所使用的燃料体积小,运输与储存都很方便,一座1000百万瓦的核能电厂一年只需30吨的铀燃料,一航次的飞机就可以完成运送。

▼ 核电站

热污染是指现代工业生产和生活中排放的废热所造成的环境污染。常见的热污染有（1）工业生产、大量机动车行驶、空调排放热量而形成城市气温高于郊区的热岛效应；（2）因热电厂、核电站、炼钢厂等冷却水所造成的水温升高，使溶解氧减少，某些毒物毒性提高，某些细菌繁殖，破坏水生生态环境进而引起的水体热污染。

核电站相对于常规的火电厂和水力发电站来说，引起的环境问题要小得多，主要的环境污染问题就是放射性污染和水体的热污染。其中，水体的热污染并不是特别严重，主要是核电站冷却水使用后的排放。但是放射性污染就比较严重了。

放射性污染主要来自三个方面：核电站本身释放出来的放射性；运转时意外事故的可能性，因为核电厂的反应器内有大量的放射性物质，如果在事故中释放到外界环境，会对生态及民众造成伤害；铀矿的开采和燃料制取后及回收处理等产生的放射性问题。但是核电站一般情况下是安全的，核电站本身的放射性非常小，在规定的排放标准之下，也远远低于防护标准，对人体是没有影响的。

关于核电站在运行过程中产生的意外事故，大多是由于违反操作规定造成的，即使发生了，反应堆外的安全壳也会保护周围的环境不受影响。还有人担心会发生原子弹式的爆炸，实际上根本就不存在这种可能性，即使是原子弹爆炸也要通过引爆系统才能够发生爆炸，而在反应堆中，没有任何途径能把燃料合在一起达到爆炸所需要的条件。

　　如今一度受冷落的核电站重新受宠，但25年前乌克兰切尔诺贝利核电站爆炸的阴云仍未散去，2011年日本福岛核池漏历历在目，核能的发展无法忘记这些灾难，也不能忘记这些灾难。因为，我们需要一个安全、健康的核电事业。

　　1986年4月26日，乌克兰切尔诺贝利核电站4号反应堆发生爆炸，造成30人当场死亡，8吨多强辐射物泄漏。此次核泄漏事故使电站周围6万多平方千米的土地受到直接污染，320多万人受到核辐射侵害，造成人类和平利用核能史上最大的一次灾难。

▼ 荒废的切尔诺贝利核电站

电磁辐射会对人体产生哪些影响呢？

你有没有在电脑旁工作太久以后而感到十分疲乏，你有没有在长时间接打手机后头晕脑胀？近年来，国内外媒体对电磁辐射有害的报道不断。亲爱的朋友们，大家对电磁辐射又了解多少呢？它会对人体产生哪些影响呢？

电磁辐射的非热效应会导致头晕等症状 ▼

电与磁。电磁波是德国物理学家赫兹在1887年发现的，它是电磁场的一种运动形态。电与磁一体两面，变动的电会产生磁，变动的磁又会产生电。电场和磁场彼此依存，构成了一个统一的场，即电磁场。电磁场在空间的传播形成了电磁波，也常称为电波。

电磁辐射又叫电子烟雾，是由空间共同移送的电能量和磁能量组成，而这些能量是由电荷移动所产生的；比如说，正在发射讯号的射频天线所发出的移动电荷，便会产生电磁能量。广义的电磁辐射就是指电磁波谱中所有的电磁波，包括无线电波、微波、红外线、可见光和紫外线等；狭义的电磁辐射是指电器设备所产生的辐射波，也就是电磁波谱中红外线以下的部分。其实通俗一点，我们可以把电磁辐射理解为能量以电磁波的形式从辐射源发射到空间的现象。

电磁辐射依据其所衍生的能量的大小分为电离辐射和非电离辐射。电离辐射能够破坏合成人体组织的分子，像X光和γ射线，这两种射线虽然在医学的发展和应用上功不可没，可它们

▼ 收音机属于人造辐射源

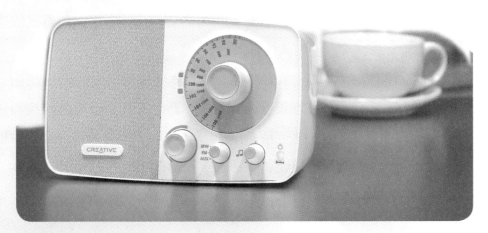

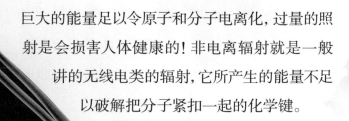

巨大的能量足以令原子和分子电离化，过量的照射是会损害人体健康的！非电离辐射就是一般讲的无线电类的辐射，它所产生的能量不足以破解把分子紧扣一起的化学键。

电磁辐射的来源主要有天然辐射源和人造辐射源两种。像大自然中的雷电便是天然辐射源，而微波炉、收音机、电视广播发射机和卫星通讯装置等则是人造辐射源。

我们知道，人体的生命活动包含一系列的生物电活动。可这些生物电对环境的电磁波非常敏感，因此，电磁辐射会对人体造成很多不良的影响。

现在，国际上普遍认为电磁辐射对人体的危害主要表现为热效应、非热效应和累积效应三大方面。

热效应，当人体所接受的电磁辐射达到一定强度时，体内分子会随着电磁场的转换而快速运动，从而引起体温上升。热效应会影响中枢神经和自主神经系统的功能，主要表现为头晕、失眠、健忘等亚健康现象。

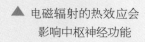
▲ 电磁辐射的热效应会影响中枢神经功能

电磁波谱：按照波长或频率的顺序把电磁波排列起来，就构成了电磁波谱。如果按照每个波段的频率由低至高的顺序排列的话，它们依次是工频电磁波、无线电波、红外线、可见光、紫外线、X射线及γ射线。电磁波的频率越高，所含有的能量就越高，但波长越短。

非热效应，人体吸收的辐射不足以引起体温增高。但是，研究发现如果过久地生活或工作在这种环境中也会出现头晕、疲乏无力、记忆力衰退、食欲减退等症状。

累积效应，在热效应和非热效应对人体的伤害还未得到彻底恢复之前，人体如果再次受到辐射的话，伤害就会发生累积；久之就会成为永久性病态，甚至危及生命。

各国科学家经过长期的研究证明：长期接受电磁辐射会造成人体免疫力下降、新陈代谢紊乱、记忆力减退、心律失常、视力下降、血压异常、皮肤粗糙，甚至诱发癌症等；还会导致女性月经紊乱、男女生殖能力下降等。

尽管电磁辐射有这么多的危害，但是它的危害究竟有多大，在学术界乃是众说纷纭。有关专家指出，电磁辐射并不等同于电磁污染，只要在安全的范围内，大家对电磁辐射大可不必谈虎色变。

在这个高科技的时代，我们不得不生活在充满电磁辐射的环境中；所以重要的是：我们要多了解有关电磁辐射的常识，重视电磁辐射对人体可能产生的危害，学会防范措施，加强自我保护意识！

微波的危害

知道没有了微波我们的生活会怎样吗? 看不了电视, 听不了广播, 打不成电话……雷达监测系统都要瘫痪, 就连微波炉都不能使用了。微波虽然功劳多多, 可还是有危害的。

▲ 最常见的微波应用就是微波炉了

微波是电磁波的一种, 波长很短, 频率很高。微波应用的范围非常广, 最常见的就是人们常用的微波炉, 广播、电视、电话和卫星-地面间的通信，另外军事上的雷达监测都是通过微波来实现的。微波已经深入渗透到人们的生产和生活当中，给人类带来了便利。

但不要高兴得太早，微波可不是"十全十美"，在环境污染日益严重的今天，微波也会产生污染。它犹如一团看不见的"电子烟雾"，笼罩在空中，危害着人类的健康。最具代表性的事件是1976年，苏联为了监听美国驻苏联大使馆的通讯联络情况，向使馆发射微波，使馆里的工作人员长期处于微波环境中，结果使馆内工作人员癌症的发病率大大增加。在被检查的313人当中，有64人的淋巴细胞异常，有15个妇女得了腮腺癌。

微波导致癌症发病率明显增高的主要原因是它的加热作用。微波照射到生物体上之后，一部分被反射回去，还有相当一部分被吸收到体内，使体内的深部组织温度升高，助长了癌细胞的生长。由于微波的穿透能力很强，所以当皮肤还未变热时，内部组织的温度已经大大上升，所以有时候当皮肤还没有感觉到疼痛，内部组织已经被烧伤了。从微波加热生鸡蛋的例子就可以明白这个道理，把一个生鸡蛋放进微波炉里，打开

电磁波是电磁场的一种运动形态，它也是能量的一种。凡是能够释出能量的物体，都会释出电磁波。电磁波与声波和水波相似，具有波的性质。可以发生折射等现象。其传播速度＝波长×频率。无线电广播与电视都是利用电磁波来工作的。

▲
用微波炉加热生鸡蛋，一会儿就能听见鸡蛋"爆炸"的声音

开关，过一会儿，就会听到"嘭"的一声，鸡蛋"爆炸"了，打开一摸，鸡蛋皮一点也不烫手，鸡蛋黄却已经"沸腾"，原因何在呢？这是由于微波的穿透能力很强，先加热内部组织，然后加热外围组织的缘故。

受微波的影响，人体还会产生各种各样的疾病，在高强度微波的辐射下，只需要几分钟，就会使眼睛的晶状体出现水肿，导致严重的白内障，如果强度更高的话，眼睛的视力会完全丧失。

科学家研究还发现，如果长期受到微波辐射，男性的生殖系统会受到影响，造成不育。如果父母双方任何一方长期受到微波辐射，其子女中畸形儿童的比例偏高。由此看来，对于微波，我们还是要"敬而远之"比较保险啊！

淋巴细胞，是白细胞的一种，由淋巴器官产生，是机体免疫应答功能的重要细胞成分。淋巴细胞具有回收蛋白质、运输营养物质、调节血浆和防御的作用。正常的淋巴细胞比率为20%~40%，增多见于病毒感染、结核病、百日咳、淋巴细胞白血病等。减低见于细胞免疫缺陷病、某些传染病的急性期、放射病、免疫缺陷病等。

▼　淋巴细胞

水中火灾——赤潮

随着气候变暖和干旱的加剧，火灾已越来越频繁，从喧闹的城市到寂静的森林到处都面临着火灾的威胁。与陆地上的火灾一样，"水中的火灾"也在肆虐着！这种"水中火灾"就是近些年频繁发生在海洋中的——赤潮。

▲ 赤潮爆发时，海水会成片地呈现出红色或近红色

"赤潮"，被喻为"红色幽灵"，它是由海洋中某一种或某几种浮游生物在一定环境条件下暴发性繁殖或高度聚集引起的。在赤潮暴发时，海水多会成片地呈现出红色或近红色，远远望

去就如同水中起火一般，因而称这种现象为赤潮。但赤潮不光有红色，有时还会呈现出黄、绿等颜色。值得指出的是，某些赤潮生物，如膝沟藻、裸甲藻、梨甲藻等，引起赤潮时却并不引起海水呈现任何特别的颜色，因此它们引起的赤潮很难被发现。

历史上很早就有关于赤潮的记载，如《旧约·出埃及记》中就有关于赤潮的描述："河里的水，都变作血，河也腥臭了，埃及人就不能喝这里的水了。"在日本，早在藤原时代和镰仓幕府时代就有赤潮方面的记载。1831~1836年，达尔文在《贝格尔航海记录》中记载了在巴西和智利近海面发生的束毛藻引发的赤潮事件。据载，中国早在2000多年前就发现有关赤潮现象的记载，一些古书文献或文艺作品里也已有赤潮方面的记载。如清代的蒲松龄在《聊斋志异》中就形象地记载了与赤潮有关的发光现象。

引起赤潮的相关因素有很多，其中最重要的因素还是因为人类活动而造成的海洋污染。大量含有各种含氮有机物的废污水排入海水中，促使海水富营养化，这是赤潮藻类能够大量繁

可以利用卫星遥感监测海洋赤潮。我们知道，赤潮生物主要是浮游藻类，其细胞壁含叶绿素和类胡萝卜素等，因而赤潮的反射光谱与背景（海水）是不一样的，这是从遥感图像上判断是否暴发赤潮的根据。然后可在遥感图像上圈定赤潮的范围和面积。我国科研部门曾利用陆地卫星的 TM 图像对渤海赤潮进行了监测和研究。

蓝色星球——高科技与环保

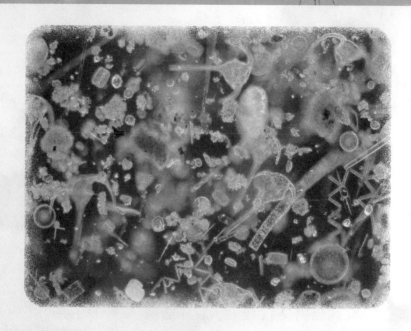

▲ 海洋浮游藻是引发赤潮的主要生物

据《2008年中国海洋灾害状况》报告显示，2008年中国海域共发生赤潮68次，累计发生面积13738平方千米，造成直接经济损失约为0.02亿元。赤潮多发区主要集中在东海海域，共发生赤潮47次，累计面积为12070平方千米。渤海1次，面积为30平方为千米；黄海12次，累计面积为1578平方千米；南海8次，累计面积为60平方千米。

殖的重要物质基础，国内外大量研究表明，海洋浮游藻是引发赤潮的主要生物，在全世界4000多种海洋浮游藻中有260多种能形成赤潮，而其中有70多种能产生毒素。它们分泌的毒素有些可直接导致海洋生物大量死亡，有些甚至可以通过食物链传递，造成人类食物中毒。

目前，赤潮已成为一种世界性的环境公害，美国、日本、中国、瑞典、印度、韩国等30多个国家赤潮发生都很频繁。赤潮的发生，破坏了海洋的正常生态结构，从而威胁海洋生物的生存。而且，有些赤潮生物会分泌出黏液，粘在鱼、虾、贝等生物的鳃上，妨碍呼吸，导致它们窒息死亡。

当大量赤潮生物死亡后，在尸骸的分解过程中要大量消耗海水中的溶解氧，造成缺氧环境，引起虾、贝类的大量死亡。

　　现在治理赤潮的方法已有多种，如工程物理方法、化学方法以及生物学方法。其中，生物学方法最为实用有效，它可以利用海洋微生物对赤潮藻的灭活作用，可使海洋环境长期保持稳定的生态平衡，从而达到防治赤潮的目的。但这也只能治表难以治本，控制人类活动，消除对海洋的污染才是治理赤潮的根本方法。

▲ 赤潮会导致鱼虾等生物窒息死亡

空中死神——酸雨

提到"死神"就会让人感觉不寒而栗，在文学和影视作品中"死神"代表着死亡，代表着毁灭；"死神"的来临就意味着生命的结束，故事的完结。而在自然界中也有一个这样的"死神"，它掌握着生杀大权，它所到之处都充满了死亡气息，它就是空中"死神"——酸雨。

▲ 土壤酸化甚至会导致森林灭绝

近些年来，世界各地的历史古迹不断地遭受雨水侵蚀，我国故宫的汉白玉雕刻、希腊雅典的巴特农神庙、意大利罗马的图拉真凯旋柱都

没能幸免。美国也不得不为自由女神像穿上"外衣"。雨水为什么有如此大的杀伤力呢？那是因为这些雨水不是一般的雨水，而是酸雨。

酸雨，顾名思义就是酸度较大的雨水。酸雨正式的名称是酸性沉降，它可分为"湿沉降"与"干沉降"两大类，前者指的是所有气状污染物或粒状污染物，随着雨、雪、雾或雹等降水形态

酸雨与火山灰的关系。火山灰是火山喷发出来进入大气的细颗粒物，主要为岩石、矿物成分，以硅铝酸盐成分为主，其不会促进酸雨形成。相反，火山灰会吸收酸性气体，抑制酸雨形成。当然，火山灰释放到大气中会产生硫化物，但对酸雨形成起到的作用并不大。

而落到地面者，后者则是指在不下雨的日子，从空中降下来的落尘所带的酸性物质而言。那么雨水怎么会变酸呢？

人类活动无疑是酸雨形成的罪魁祸首。进入工业时代人类大规模地使用化石燃料，造成大量工业废气的排放，使空气中的二氧化硫和氮氧化合物急剧增加，为酸雨的形成提供了条件。另外，在人类的活动和自然变化过程当中，还会产生一些铁、铜、锰、钨等颗粒，排放到大气中也成为酸雨形成的催化剂。

▲ 左侧树枝在被酸雨
侵蚀后严重枯萎

雨水变酸以后对水生生态系统、陆生生态系统都有很大的危害。当湖泊遭受到酸雨的侵袭时，鱼类的生存条件就会发生巨变，鱼类会由于不适应酸性的生活环境而逐渐灭亡；另一方面，酸雨会浸渍水底的土壤，使铝元素和重金属元素沿着基岩裂缝流入附近的水体，影响水生生物的生长而使其死亡。陆生生物中的直接受害者就是森林，酸雨对森林的伤害呈现出一个起起伏伏的过程，并不是像对水生生态系统的伤害那样直接。当酸雨侵蚀森林时，首先给森林带来了硫和氮等营养元素，森林当然受益；但是常年的酸雨使土壤的中和能力大大下降，逐渐贫瘠；随后如果森林遭到持续干旱等因素的影响，土壤的酸化程度就会加剧，根系就会严重枯萎，致使树木死亡，森林灭绝。

此外，许多用于建筑结构、桥梁、供水管网、地下储罐、动力和通讯电缆的材料也很容易遭受到酸雨的腐蚀，如波兰托卡维兹的铁轨因酸雨腐蚀，火车每小时开不到40千米，而且还显得相当危险。更为严重的是很多地区的地下水已经遭到了酸雨严重的危害，重金属的浓度可达到正常值的10～100倍，对人类的健康造成了极大的威胁。

值得一提的是，酸雨还会越国界污染。因为大气本身有传输的功能，二氧化硫和氮氧化物等一些致酸物质会随着大气不断迁移。所以，很多国家为此发生纠纷，欧洲国家之间的二氧化硫和氮氧化物越境传输引起了很多纠纷。

酸雨与泡菜。德国、波兰和捷克交界的黑三角地区（当地以森林被酸雨破坏而著名）的一位家庭主妇，在接待日本客人奉茶时说："我们这儿只有几口井的水可供饮用。我们自己也常开玩笑说，只要用井水泡蔬菜，就能够做出很好的泡菜来。"

城市的夜空不是越亮越好

　　华灯溢彩，霓虹闪烁。越来越多的城市夜景绚丽了起来。然而夜景灯光在使城市变美的同时也给都市人的生活带来一些不利影响。城市上空不见了星辰，刺目的灯光让人紧张，人工白昼使人难以入睡。环境专家提醒说，城市亮起来的同时也伴随着光污染，而"只追求亮、越亮越好"的做法更会带来难以预计的危害。

▲　城市的夜空不是越亮越好

　　灯光给人们带来的隐性污染一般很少被人察觉,但危害是存在的。在缤纷多彩的灯光环境呆的时间长一点,人们或多或少会感觉心理和情绪上受到的影响。国外的调查已有显示,夜景观的灯光影响人的正常生物节律,使人晚间难以入睡,甚至失眠。同时,不适当的灯光设置对交通的危害更大,事故发生率会随之而增加。所以,城市灯光的设计一定要合理、适当,才能最大限度地避免光污染所造成的危害。

　　光污染的问题最早是由国际天文界于20世纪30年代提出的,他们认为城市的强烈灯光对天文观测产生了负面影响,因而,称之为光污染。后来英美等国称其为"干扰光",在日本则称为"光害"。目前,国内外对于光污染并没有一个明确的定义。现在一般认为,光污染泛指影响自然环境,对人类正常生活、工作、休息和娱乐带来不利影响,损害人们观察物体的能力,引起人体不舒适感和损害人体健康的各种光。

　　据美国一份最新的调查研究显示,夜晚的华灯造成的光污染已使世界上五分之一的人看不见银河。在远离城市的郊外夜空,可以看到两千多颗星星,而在大城市却只能看到几十颗。

　　国际上一般将光污染分成3类,即人工白昼、彩光污染和白亮污染。其中,人工白昼和彩光污染是城市夜空中主要光污染类型。白亮污染主要激光污染。激光污染是光污染的一种特殊形式。由于激光具有方向性好、能量集中、颜色纯等特点，而且激光通过人眼晶状体的聚焦作用后，到达眼底时的光强度可增大几百至几万倍，所以激光对人眼有较大的伤害作用。

出现在白天阳光强烈的时候。

　　所谓人工白昼就是夜幕降临后，商场、酒店上的广告灯、霓虹灯闪烁夺目，令人眼花缭乱。有些强光束甚至直冲云霄，使得夜晚如同白天一样，故称人工白昼。在这样的"不夜城"里，夜晚人们难以入睡，强光扰乱人体正常的生物钟，导致白天工作效率低下。人工白昼还会伤害鸟类和昆虫，强光可能破坏昆虫在夜间的正常繁殖过程。

　　所谓彩光污染就是指舞厅、夜总会安装的黑光灯、旋转灯、荧光灯以及闪烁的彩色光源构成的彩色光污染。据测定，黑光灯所产生的紫外线强度大大高于太阳光中的紫外线，且对人体有害影响持续时间长。人如果长期接受这种照射，可诱发流鼻血、脱牙、白内障，甚至导致白血病和其他癌变。科学家最新研究表明，彩光污染不仅有损人的生理

▼ 闪烁的彩色光源会造成彩光污染

功能, 而且对人的心理也有影响。

　　白亮污染是指当太阳光照射强烈时, 城市里建筑物的玻璃幕墙、釉面砖墙、磨光大理石和各种涂料等装饰反射的光线造成的污染。

　　目前, 对光污染的防治主要有三个方面内容: ①加强城市规划和管理, 改善工厂照明条件等, 以减少光污染的来源; ②对有红外线和紫外线污染的场所采取必要的安全防护措施; ③采用个人防护措施, 主要是戴防护眼镜和防护面罩等。

▼ 玻璃幕墙反射光线会造成白亮污染

世纪之毒——二噁英

　　在武侠小说中经常会出现一些神奇的毒药，如鹤顶红、五毒散、化尸粉等，这些毒药大都无色无味，能够杀人于无形之中，是杀手、刺客的"必备毒药"。在现实生活中，经过很多人的不懈努力，终于也创造出了一种可以与武侠小说中的毒药媲美的奇毒，它就是名噪一时的"世纪之毒"——二噁英。

　　我国二噁英污染的现状？当前，我国虽然缺乏有说服力的二噁英污染数据，但是根据国外的经验和有限的数据来看，我国在人体血液、母乳和湖泊底泥中都检出了二噁英，尽管其浓度水平较低，但也说明了二噁英在我国环境中的存在。特别是我国曾用作对付血吸虫病的五氯酚钠，其生产和使用都会使二噁英不知不觉地进入环境中。

▲ 垃圾焚烧会产生二噁英

近年来, 常常从各种媒体的报道中听说关于二噁英中毒的事件。据称, 二噁英的毒性很强, 致命率很高。人们谈及二噁英如临大敌, 谈其色变。我们不禁要问, 二噁英到底是什么物质, 怎么会有如此高的毒性呢?

二噁英, 是一种无色无味、毒性严重的脂溶性物质, 二噁英实际上是二噁英类的一个简称, 它并不是一种单一物质, 而是包含众多同类物或异构体的有机化合物, 包括210种化合物。它的毒性十分大, 比氰化钾要毒50倍, 比砒霜要毒900倍, 因此被称为"世纪之毒"。二噁英中以2, 3, 7, 8–四氯–二苯并–对–二噁英的毒性最强, 只要1

▲ 胶袋含有氯, 燃烧后会释放出二噁英

盎司（28.35克），就可以杀死100万人！

即使是十分微小的量，二噁英也会危害人类。最可恶的是，它无色无味，即使到医院进行检查也不是马上能查出来的。而且，检测需要昂贵的费用，每次需花800～1000美元。

环保专家称，"二噁英"常以微小的颗粒存在于大气、土壤和水中，主要的污染源是垃圾焚烧、化工冶金工业、造纸以及生产杀虫剂等产业。日常生活所用的胶袋、PVC（聚氯乙烯）软胶等物都含有氯，燃烧这些物品时便会释放出二噁英，悬浮于空气中。另外，电视机不及时清理，电视机内堆积起来的灰尘中，通常也会检测出溴化二噁英。而且含量较高，平均每克灰尘中，就能检测出4.1微克溴化二噁英。

二噁英还是环境内分泌干扰物的代表。它们能干扰机体的内分泌，对健康产生广泛的影响。二噁英能引起雌性动物卵巢功能障碍，抑制雌激素的作用，使雌性动物不孕、流产等；对雄性动物则会造成精细胞减少、成熟精子退化、雄性动物雌性化等。二噁英还有明显的免疫毒性，可引起动物胸腺萎缩、细胞免疫与体液免疫

二噁英致癌可遗传！？由于二噁英可从母体传给胎儿，所以女性吸入二噁英后，会将毒素遗传给婴儿，导致以后五代的子女都可能受到累积的二噁英影响。另外，研究表明二噁英能够对不同的器官造成破坏，如肾脏、肺部及遗传基因，甚至性器官等，轻则影响成年人的性生活，严重的会导致癌变。

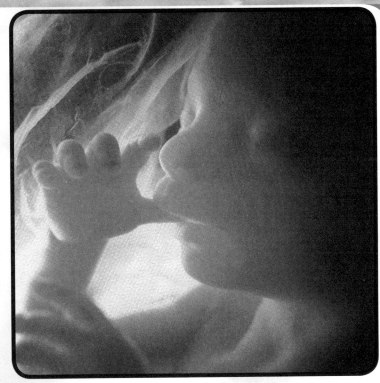

功能降低等。二噁英中的2，3，7，8-TCDD对动物有极强的致癌性，根据动物实验与流行病学研究的结果，1997年国际癌症研究机构（IARC）将其确定为人类一级致癌物。

二噁英可从母体传给胎儿

目前防治二噁英暴露的措施主要有：进行垃圾分类收集和处理；控制无组织的垃圾焚烧，提高燃烧温度（1200℃以上）；制定大气二噁英的环境质量标准以及每日可耐受摄入量等。但愿通过我们人类的共同努力，这种"世纪之毒"能从我们的生活中永远消失。

重金属中的"五毒"

日常生活和书面用语中，"五毒俱全"是一个使用频率较高的词汇，民间传说中的"五毒"是五种动物，指蝎、蛇、蜈蚣、壁虎、蟾蜍。殊不知，重金属中也有"五毒"，那这"五毒"指的又是什么呢？

▲ 汞为五毒之首

我们都知道，重金属对人体有毒害作用，其中毒害作用最大的当属汞(Hg)、镉(Cd)、铅(Pb)、铬(Cr)和砷(As)，俗称"五毒"。这些毒性元素在水体当中不能够被微生物所降解，它们将不断地扩散、转移、分散、富集。富集之后的重金属在人体内产生更大的毒性，在化学上叫"毒性放大"。

汞为五毒之最，在天然水体中，每1升水如果含有0.01毫克的汞，就会对人体产生强烈的毒性，而且可以通过食物链不断地在体内放大。汞一旦以有机汞或甲基汞的形态进入人体内，马上与人体内的酶发生反应，分解酶并使之失去活性，还可以侵入脑及胎盘的供血组织，不仅伤害人脑，还可以传给胎儿。汞中毒最轰动的事件是日本"水俣病"事件。

镉在人体内积累的时间长了之后，会引起高血压，导致心血管系统疾病。如日本发现的"痛痛痛"就是镉积累过多而造成的，这种病会引起肾脏功能失调。骨中钙如果被镉所取代，骨骼就会软化、发生骨折，患者全身骨节疼痛难忍。这种病潜伏期可长达10~30年。

化学上根据金属的密度把金属分成重金属和轻金属，常把密度大于5g/cm³的金属称为重金属，即元素周期表中原子序数在24以上的金属。重金属在人体中累积达到一定程度，会造成慢性中毒。

铅及其化合物对人体各组织均有毒性,中毒途径可由呼吸道吸入其蒸气或粉尘,然后呼吸道中吞噬细胞将其迅速带至血液;或经消化道吸收,进入血循环而发生中毒。

铬其实为人体必需的微量元素之一。急性铬中毒主要是六价铬引起的以刺激和腐蚀呼吸、消化道黏膜为特征的临床表现。多见于口服铬盐中毒及皮肤灼伤合并中毒。

砷在地壳中含量并不大,但是它在自然界中到处都有。砷中霜中毒,多因误服或药毒,另外生产加工过末、烟雾或污染皮肤中毒也是常见的。

▲ 镉在电池制造中有所应用

毒,常称砒用过量中程吸入其粉毒也是常见的。

孟加拉国的砷危机称为"历史上一国人口遭遇到的最大的群体中毒事件。"

既然这"五毒"有如此恶劣的毒性作用,人类为何不对它们进行"赶尽杀绝"呢?其实,少

量的金属元素是动植物及人
体所必需的,比如适量
的铬元素在人
体内的血
液中可
以进行过
剩糖的转化,防
止糖尿病,如果人体组织
中的铬减少,则会严重地降低人的食
欲。

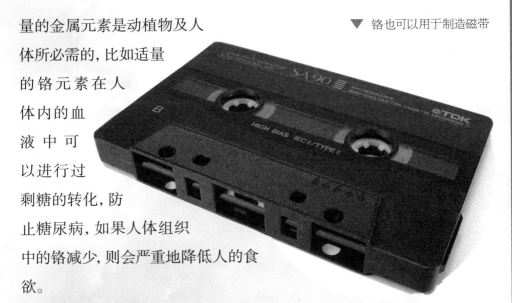

▼ 铬也可以用于制造磁带

　　另外这几种金属同样也是工业中必不可少
的元素,汞在工业中应用得相当广泛,如电器设
备控制仪表中的温度计、压力计、大电流开关
等;在农业上也广泛地应用于杀菌剂、防止木
头腐烂等等。镉在油漆颜料当中广泛地使用,
也用于电池和照相中。铬用于制不锈钢、汽车零
件、工具、磁带和录像带等,另外铬镀在金属上
可以防锈,坚固且美观;红、绿宝石的闪亮夺目
的色彩也来自于铬。

　　在日本水俣县,由于石油化工厂排放出含汞的废水,人们食用了被汞污染和富集了甲基汞的鱼、虾、贝类等水生生物,因此造成大量食用者中枢神经中毒,面部痴呆、手足麻痹、感觉障碍、视觉丧失,称之为"水俣病"。在这次中毒事件中,汞中毒者达283人,其中60多人死亡。

只闻其"鸣"的污染 —— 噪声

相信看过周星驰的电影《功夫》的观众一定对剧中的包租婆这一角色印象深刻，她不但骂人一流而且还掌握了一门绝世武功——"狮吼功"，此功能通过声音杀人于百步之外。现实生活中虽然并不存在这种奇功绝技，但却真实存在着一种与其有相似杀伤力的声音，这就是噪声。

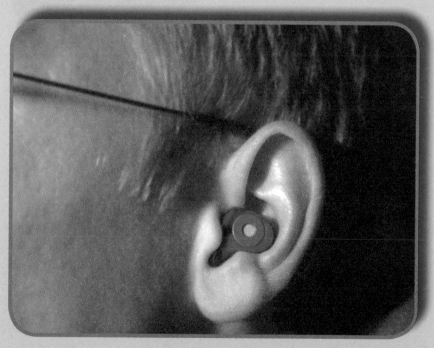

▲耳塞是减弱噪声的有效方法

大马路上汽车的喇叭声、建筑工地上机器的轰鸣声、深夜里传来的摇滚乐声、儿童的吵闹声等等都是噪声。如果这些噪声的强度被控制在合理的范围内，它们不会对人类造成什么危害，但当这些噪声的强度突破了这个范围，那么它们就会危害到人类的健康，此时它们也就成为了一种污染，即噪声污染。

噪声污染是随着近代工业的发展而不断加剧的。目前，已经成为对人类的一大公害。它与水污染、大气污染被看成是世界范围内的三个主要环境问题。之所以把噪声污染定义为世界范围内的主要环境问题是因为它与水污染、大气污染有着同样大的危害力，它不但对人类和动物构成危害，而且还威胁到建筑物以及仪器设备。

噪声对人类和动物造成的危害是最显而易见的，噪声能使人和动物的听觉器官、视觉器官、内脏器官及中枢神经系统产生病理性变化。使人和动物的听力下降、情绪烦躁、失去常态，还会引起人和动物的各种疾病，如噪声会使人产生头痛、脑胀、失眠、高血压、动脉硬化、冠心病以及消化系统、视觉系统、内分泌系统的各种疾

超音速飞机在低空掠过时会产生轰声

科学家发现，不同的植物对不同的噪声敏感程度不一样。根据这个道理，人们制造出噪声除草器。这种噪声除草器发出的噪声能使杂草的种子提前萌发，这样就可以在作物生长之前用药物除掉杂草，用"欲擒故纵"的妙策，保证作物的顺利生长。

病；噪声会造成动物脱毛、生殖能力下降甚至引起动物死亡。

噪声对建筑物和仪器设备的威胁主要是通过特强噪声造成的。实验研究表明，特强噪声会损伤仪器设备，甚至使仪器设备失效。当噪声级超过150分贝时，会严重损坏电阻、电容、晶体管等元件。当特强噪声作用于火箭、宇航器等机械结构时，由于受声频交变负载的反复作用，会使材料产生疲劳现象而断裂，这种现象叫做声疲劳；噪声对建筑物的威胁，一般是在噪声级超过140分贝时才会出现，此时噪声开始对轻型建筑有破坏力。例如，当超声速飞机在低空掠过时，在飞机头部和尾部会产生压力和密度突变，经地面反射后形成N形冲击波，传到地面时听起来像爆炸声，这种特殊的噪声叫做轰声。在轰声的作用下，建筑物会受到不同程度的破坏，如出现门窗损伤、玻璃破碎、烟囱倒塌等现象。

目前对噪声的控制主要有三个方面的措施，首先是控制噪声源，要求工业、交通运输业选用低噪音的生产设备和改进生产工艺，或者改变噪音源的运动方式，采用阻尼、隔振等措施降低

利用噪声还可以制服顽敌，目前已研制出一种"噪声弹"，能在爆炸间释放出大量噪声波，麻痹人的中枢神经系统，使人暂时昏迷，该弹可用于对付恐怖分子，特别是劫机犯等。

噪声；其次是阻断噪声传播，如采用吸音、隔音、音屏障等措施；再次就是在人耳处减弱噪声，主要措施有戴耳塞、耳罩、头盔等。

▼ 建筑工地上机器的轰鸣声

"厄尔尼诺"、"拉尼娜"：一对坏脾气的"婴儿"

气候真是个古怪而不可思议的家伙，有时候该凉爽的时候却骄阳似火，温暖如春的季节却突然下起了大雪，雨季到来却迟迟滴雨不下，正值旱季却洪水泛滥……到底谁是幕后黑手？

厄尔尼诺现象对我国的的气候影响：首先是台风的产生个数及在我国沿海登陆个数均较正常年份少；其次是我国北方夏季易发生高温、干旱，1997年强厄尔尼诺发生后，我国北方的干旱和高温十分明显；第三是我国南方易发生低温、洪涝，在厄尔尼诺现象发生后的次年，在我国南方，包括长江流域和江南地区，容易出现洪涝；最后，在厄尔尼诺现象发生后的冬季，我国北方地区容易出现暖冬。

"厄尔尼诺"一词源于西班牙语，是"圣子、圣婴"的意思。厄尔尼诺现象是指南美洲西海岸冷洋流区的海水表层温度在圣诞节前后异常升高的现象，它就像一口"暖池"，通过表层温度的变化对大气加热场产生变化进而给各地的天气带来变化，使原来干旱少雨的地方产生洪涝，而通常多雨的地方易出现长时间的干旱少雨。

通常年份，南美洲的秘鲁、智利和北部一带的太平洋海域，由于东南信风吹拂，使海岸附近的表层海水大量流失，深层海水涌升，带来了营养丰富的盐类，吸引了众多冷水性鱼类（以秘鲁的沙丁鱼为主）前来，形成肥美的秘鲁渔场，使智利、秘鲁、厄瓜多尔这样一些中小国家成为具有世界水平的捕鱼国。而当厄尔尼诺突然降临时，暖水南流，深层海水不再大量涌升；秘鲁沙丁鱼所赖以生存的营养物质来源中断，便大量死亡，海鸟因找不到食物而"远走他乡"，渔场顿时失去生机，使沿岸国家遭受巨大损失。这种现象多发生在圣诞节前后，因此人们将其称为"厄尔尼诺"。厄尔尼诺出现时，东南太平洋高压明显减弱，印尼和澳大利亚的气压升高，同时，赤道太平洋上空的信风减弱，所以，有时候，把厄尔尼诺称为"暖信风"。

▼ 厄尔尼诺对秘鲁、智利和北部一带海域产生严重影响

"拉尼娜"为西班牙语"小女孩、女婴"的意思，用以指赤道太平洋东部和中部海表温度大范围持续异常变冷（连续6个月低于常年0.5℃以上）的现象。可见，拉尼娜的定义正好与厄尔

▲ 较大范围的干旱

尼诺相反，故也被称为"反厄尔尼诺"。拉尼娜相对于厄尔尼诺造成的危害要小一些。人们常常说如果将厄尔尼诺比做一个性格暴躁的"大哥哥"，那么拉尼娜就是一个相对温柔的"小妹妹"。有时候也把拉尼娜称为"冷事件"。据科学家们估计，在厄尔尼诺发生一年后，拉尼娜会接踵而至，这种可能性达70%以上。通常情况下，两种现象各持续一年左右。

厄尔尼诺、拉尼娜不仅会使热带环流和气候发生异常，甚至会引起全球范围内的大气环流异常，出现较大范围的干旱、洪水、低温冷害等灾害性天气。科学家们认为，厄尔尼诺现象的发生与人类自然环境的日益恶化有关，是地球温室效应增加的直接结果，与人类向大自然过多索取而不注意环境保护有关。

　　冷水性鱼类，是鱼的一个种类，尤其是对水温要求很高。生长适宜的水温是8～20℃，高于或低于此范围越多生长越慢，25℃以上会很快死亡。这种鱼仅分布或适应在寒冷水域中，是短日照型鱼类。

▼　低温冷害天气其实是大气环流异常的结果

不受欢迎的客人

子曰"有朋自远方来，不亦乐乎？"，说明了我们炎黄子孙自古就是一个好客的民族，可是偏偏有那么些远道而来的"朋友"，却是不受欢迎的，例如，我们下面要讲的外来入侵物种。

▲ 水葫芦

说到凤眼莲你可能觉得陌生，要是谈到水葫芦，我想大家一定不会没有印象吧。记忆中原本清澈见底的小池塘因为水葫芦的野蛮繁殖变得污浊不堪，死气沉沉，小鱼小虾也难逃魔掌，死在水葫芦的手下。像水葫芦这种外来入侵物种正快速地榨干我们的自然环境，它们所造成的污染不容小觑。

外来入侵物种指的是那些因为人类有意或无意的行为而被引入了非它们生源地，而且会给当地环境和生态系统造成明显伤害的那些物种。这些物种往往具有生态环境适应能力强、繁殖能力强、传播能力强的"三强"特点，正是因为它们的"三强"特点，有时候会给我们的生态环境带来毁灭性的危害。

就拿水葫芦来说吧，水葫芦的繁殖能力超强，而且它的"态度"野蛮，生长带有明显的侵略性，不给其他的动物植物留一点点生长的空间。一个出现了水葫芦的池塘，若是管理者稍有疏忽不及时清除，水葫芦便会争分夺秒地盖满整个池塘。若某片水域一旦被水葫芦覆盖，那将给这片水域的生态环境带来灭顶之灾，水葫芦的生长采取的是野蛮的封闭策略，它们在水面上密密麻麻地挤在一起，水下根系盘根错节地紧密相连，致使阳光不能透过水面。水下的一些植物没有阳光不能进行光合作用，慢慢死去，而以这些水下植物为食的鱼虾也会因为食物的减少消失而迅速消亡。水葫芦还有一个特性就是它会吸附重金属物质，死后的水葫芦沉到水底后因为它所吸附的重金属物质太多，给居住在水底的生物带来了毁灭性的打击。一片曾经清澈见底生机盎然的水域在水葫芦多重打击下变得污浊不堪、死气沉沉。而且水面上星罗棋布的水葫芦也给行船带来了极大的困难。

　　类似于水葫芦这样给我们的生态环境带来极大危害的"客人"不在少数，例如巴西龟、美国大蜗牛、福寿螺等，它们共同的特点就是由于脱离了自己的发源地，不受天敌的控制便肆无忌惮

巴西红耳龟因其头顶后部两侧有2条红色粗条纹，故得名，它是世界公认的生态杀手，已经被世界环境保护组织列为100多个最具破坏性的物种，多个国家已将其列为危险性外来入侵物种！中国也已将其列入外来入侵物种，对中国自然环境的破坏难以估量。

▲　巴西红耳龟

83

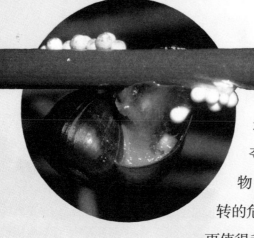

▲　福寿螺

福寿螺又名大瓶螺、苹果螺，原产于南美洲亚马孙河流域。1981年作为食用螺引入中国，因其适应性强，繁殖迅速，成为危害巨大的外来入侵物种，目前已被列入中国首批外来入侵物种。

地繁殖生长，杀死本土的生物，抢夺本土的资源，最终造成本土动植物的灭绝，给生态环境带来无法逆转的危害。

更值得我们注意的是，这些外来入侵生物所带来的对环境的污染并不像大气污染、水污染等环境污染源那么直观。它们对环境的污染很隐蔽，有时候它们还会披上华丽的外衣来迷惑你，就像水葫芦最早是作为观赏植物和净化水质植物所引进的，巴西龟是穿着宠物的"马甲"进入我国的，而福寿螺最早也是被当做美食而引进饲养的。但现在它们无一不给我国的生态环境带来了莫大的损害，政府为了治理它们带来的生态环境污染所花费的人力物力甚至远远超过了它们价值的数十倍。

我们决不能轻视这些自远方而来的"生态怪客"、"环境杀手"，对这些危害我们环境不受欢迎的客人坚决说"No"。

第三篇
环境卫士

为什么要保护野生动植物？

当你走在植物园或动物园里，你也许会感慨珍稀动植物生存条件之优越！也许你也感慨过国家为什么大力投资建设自然保护区和生物圈保护区来保护野生动植物！那么，野生动植物到底对人类有多大的作用呢？

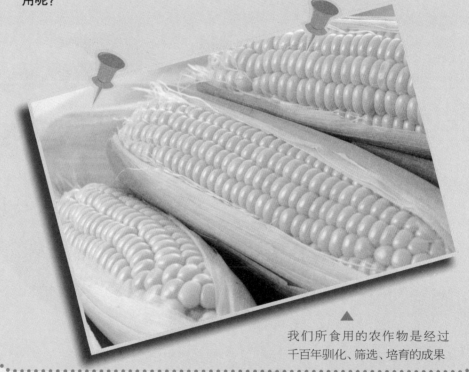

我们所食用的农作物是经过千百年驯化、筛选、培育的成果

地球上丰富的生物基因是大自然赋予人类的宝贵财富！迄今为止，人类只是利用了大自然基因库中的很小一部分，却已从中获得了巨大效益。而野生动植物可以说是其中一个非常丰富的基因库，如果没有这个基因库，人类可以说是无法生存的。

在我们所食用的农作物中，例如小麦、玉米、水稻、大豆等，都是经过人类千百年的筛选、培育的成果，它们比野生近亲植物的产量要高得多。但是令人头痛的是，任何一种优质高产作物在经过几年至几十年的自我繁殖后，其丰产性、抗病性都会自行下降。这时候该怎么办呢？只能从遗传结构上做文章！将植物通过不断的杂交，让它们从其野生近亲植物那里吸取新的基因，从而摒弃较差的基因性状，并保持或提高优良性状。

那么如何调整其遗传结构呢？从美国和加拿大的情况我们可以得到答案。美国和加拿大是世界上两个主要的农业出口国——不仅仅是粮食的产量非常高，粮食中的营养成分含量也是非常高。而秘诀就在于经常利用野生植物种质来改

人类与大猩猩的基因差异：人类与猩猩的基因库差异比较小，只有大约2％。而正是这2％的差异使得人与猩猩的智能、行为、心理和生理变得差之毫厘，失之千里。基因库是一个群体中所有个体的基因型的集合。对于人而言，有n个个体的一个群体的基因库由2n个单倍体基因组所组成。

良作物品种。这两个国家的绝大部分粮食作物都是从国外引进的，由于当地缺乏野生近亲植株，遗传学家不得不经常到墨西哥原始森林去寻找所需的基因源。

在墨西哥的热带森林里，科学家们发现了一种奇特的多年生的野生小麦。科学家们认为，如果能将这种野生小麦的基因与现有的驯化小麦基因结合起来，就有可能培育出一种多年生的高产小麦新品种，从而改变人类传统的年复一年翻耕播种的耕作方式。

我们知道，虫害是农业的大敌。多年以来，

野生小麦与驯化小麦的结合能够培育出新品种

▼

人类一直在用农药控制虫害。农药虽可杀死大部分害虫，但同时对环境造成了很大的污染，而且幸存下来的害虫就会对这种农药产生抗药性，因此一种农药往往只能用两三年。从20世纪70年代起，科学家就开始在大自然中寻找和繁育害虫的天敌，这一方法仍在探索之中。

▼ 虫害是农业的大敌

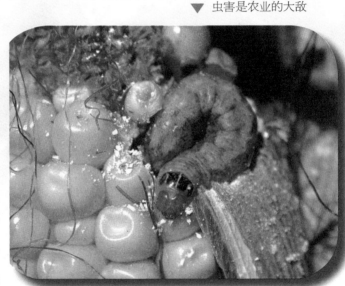

可见，地球上野生物种的多少不仅关系着农作物产量的高低，也关系着人类未来的农业革命，而且还与人类寻找新材料和药物息息相关！物种丰富的生态系统无疑将为整个人类社会提供更多的产品，可生物多样性的降低，必将限制人类生存发展机会的选择。所以，我们一定要保护野生动植物！

怎样用生物来监测环境中的污染物？

我们生活的环境中到底有没有污染物，有多少污染物？我们该怎样来监测它们？这些是环境科学工作者一直在考虑和研究的问题，他们想寻找一种快速、定量的监测方法，来对环境中的污染物进行检测。

藓对污染尤为敏感 ▲

在当今这个被全方位污染的世界上，监测环境中的污染物已经成为我们的一项重要任务。目前对环境污染物的监测方法主要有三种：化学监测、仪器监测和生物监测。其中，最值得介绍的方法就是生物监测法。

生物监测法的出现和发展已有一段历史。在19世纪中期，有人注意到城市中地衣植物逐渐消失，在烧煤的烟囱附近，植物叶片出现"病斑"，后发现这与空气污染有关，人们认识到，可以利用植物来监测和评价空气污染状况。

常见的生物监测"能手"

你知道吗，在我们的日常生活中有很多蔬菜和水果都是监测环境污染物的"能手"。比如：菠菜、胡萝卜等可以监测二氧化硫的浓度；杏、桃子、葡萄等可以监测氟化物的浓度；番茄可以监测臭氧的浓度；棉花可以监测乙烯的浓度等。

▲ 低浓度的二氧化硫便会杀死地衣

到20世纪40~50年代，空气污染日趋严重，对指示植物的研究也在一些国家进一步开展起来。20世纪70年代以来，水污染的生物监测成了活跃的研究领域。1977年，美国试验和材料学会(ASTM)出版了《水和废水质量的生物监测会议论文集》，介绍了利用各类水生生物进行监测和生物测试技术，概括了这方面的成就和进展。同年非洲的尼日利亚科学技术学院用远距离电报记录甲壳动物的活动电位，监测烃类、油类以及其他污染物情况，取得初步结果。还有人提出了以鱼的呼吸和活动频度为指标的、设在厂内和河流中的自动监测系统。

▶番茄可以监测臭氧的浓度

目前，生物监测已广泛应用于大气和水体污染监测。生物监测大气污染主要是利用敏感植物。经过长时间的研究，人们发现高等植物叶片可对不同污染物产生不同的病斑，而地衣和苔藓等低等植物对污染尤为敏感，例如低浓度的二氧化硫便可杀死地衣。植物体内的污染物积累量也反映污染情况。

对水体污染物的检测则广泛利用多种动植物。例如，大型底栖无脊椎动物分布广、比较固定、寿命长，且形体大、易于辨认，是常用的指示生物。不过科学家们观察的对象常为有耐力的物种，例如在有机污染造成水体严重缺氧情况下，只有颤蚓等抗低氧物种得以繁殖，根据他们的数量，可以推测污染程度。生物群落的结构变化也是灵敏的指针。当然，生物监测法也有它的不足之处，它不能准确判定污染物的性质和数量，因此必须与化学和物理学测定手段结合应用。

生物是天然的环境卫士，也最知道环境的好坏变化。多看看它们的生存状况，人类就更能了解自身的处境。

生物对环境污染物的浓集能力。许多生物能在体内富集污染物，使体内浓度远大于环境中的浓度，这种现象称为生物浓缩或生物富集。如1966年对美国图利湖中DDT污染情况的调查表明，湖中水DDT浓度仅为0.0006ppm，但经水生植物和无脊椎动物等环节后至石斑鱼体中达1.6ppm，放大了2600多倍。而在食鱼的小鹏体内竟可发现75ppm的DDT，放大了12万多倍。

天然的废水处理器——微生物

蓝色星球——高科技与环保

水乃生命之源，可随着工业的高速发展，水污染已成为世界的"头号杀手"！治理废水已经是全球刻不容缓的任务之一，在目前所发展的废水处理技术中，废水生物处理已成为治理废水的主要手段。

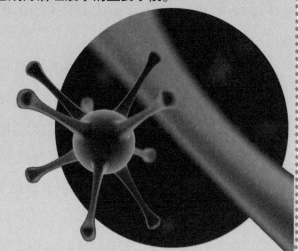

微生物是天然的净水剂 ▶

我们知道，微生物是天然的净水剂，因为污水具备微生物生长和繁殖的条件，微生物从污水中获取所需要的营养，同时可以降解和利用污水中的有机物质，从而使污水得到净化。正所谓"一举两得"！废水生物处理正是一种利用微生物的代谢作用使废水得到净化的处理方法。

　　根据微生物基本的新陈代谢类型,有关专家将废水生物处理相应地设为厌氧生物处理和需氧生物处理。

　　厌氧生物处理最早于19世纪末应用于法国,是利用厌氧微生物或兼性微生物在厌氧的条件下,将废水中复杂的有机物分解的方法。这种方法最后会产生甲烷和二氧化碳等气体,这可是具有经济价值的能源啊!像现在普遍建设的沼气池,应用的正是这种方法。这种方法不仅用于处理污水中的沉淀污泥,也用于处理高浓度的有机废水。

厌氧生物,有时也称厌气生物,是指一种不需要氧气便能够生长的生物,而厌氧生物一般都是细菌。

▲　　沼气池正是应用了厌氧生物处理方法

▲ 自然池塘和人工池塘都可以作为稳定塘

如今该法已普遍应用于处理食品、饮料、造纸、石油化工、制药、有机合成等工业的有机废水了。

相反地，需氧生物处理则是给予需氧微生物有氧的环境，利用它们来分解废水中复杂的有机物。这种方法具体又有活性污泥法、生物膜法、氧化塘法等。

活性污泥法是目前应用最广、工艺也较为成熟的一种废水生物处理技术。活性污泥是由细菌、真菌、原生动物和后生动物等组成的特有的生态系统，在通气的条件下，活性污泥可以"吃掉"污水中的有机物，这样污水就得到了净化。活性污泥法不仅用于处理生活污水，而且在印染、炼油、农药、造纸和炸药等许多工业的废水处理中，都取得了良好的净化效果。

96

生物膜法和活性污泥法一样，也是利用微生物去除废水中的有机物。生物膜是由细菌、真菌、藻类、原生动物等组成的膜状生物群落，构成的食物链可有效地"吃掉"废水中的污染物，尤其是废水中呈溶解状和胶体状的有机污染物。生物膜法广泛应用于石油、印染、造纸、农药、食品等工业的废水处理中。

常见的废水处理法有：物理处理法，化学处理法，生物处理法；特殊方法有生物接触氧化法。

氧化塘法又称生物塘法或稳定塘法，是一种利用微生物的天然净化能力对污水进行处理的方法。稳定塘可以是自然池塘，也可以是人工池塘。当污水排入塘内，池塘内多条的食物链可以将污水中的有机物进行降解和转化。这样，不仅净化了污水，还获得了水生动植物等资源！

此外，仍然有较多的方法可以处理废水，像土地处理系统等。当然，每个方法都会存在着不足之处；但就整体而言，废水生物处理消耗少、效率高、成本低、无二次污染，是具有广阔的发展前景的！我们要综合地利用各种方法来控制和治理废水！

海洋对人类的未来有哪些作用?

全球人口越来越多,环境污染日益严重,陆地资源已显匮乏——系列的生态环境问题让人类不得不思索:人类的发展方向何在!不必担心,具有远见卓识的科学家们早已将目光投向了海洋。

珊瑚礁是指造礁石珊瑚群体死后其遗骸构成的岩体。珊瑚礁的主体是由珊瑚虫组成的。大堡礁是世界最大最长的珊瑚礁群。

科学家证实, 海洋是一个神秘的大仓库! 它对人类未来的生活具有重大意义!

海洋是人类未来的大药房。

在考虑从海洋中采药的时候, 医学专家十分重视对珊瑚的开发和利用。珊瑚礁不仅含有抑制癌细胞发展的有毒物质, 还具有可减轻关节炎和气喘病的其他物质。夏威夷就有一种含有剧毒的珊瑚, 可用来制成治疗白血病、高血压及某些癌症的特效药。我国南海有一种软珊瑚, 它的提纯物具有降血压、抗心律失常、解痉等作用。

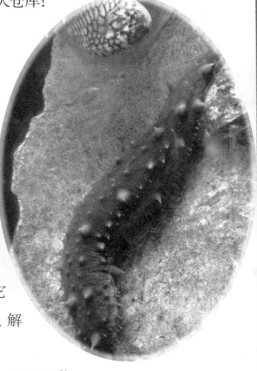

▲
海参素有"海中人参"的美称

鲨鱼是一种古老的海洋性鱼类。美国生物学家对鲨鱼进行了几十年的调查研究, 发现它们几乎没有任何病变, 更极少得癌症。有些科学家甚至将病原菌和癌细胞接种到鲨鱼体内, 它们依然不会生病。于是, 科学家们推测: 鲨鱼体内可能含有某种特殊的防护性化学物质。

另外, 素有"海中人参"之称的海参, 有些会释放出具有抑制肿瘤作用的毒素; 鲜美可口的牡蛎, 体内含有具有抗肿瘤作用的抗生素; 某种海绵状生物体内也有抑制癌细胞发展的有毒物质。也许, 不久的将来, 人类真地能够制服癌症呢!

海洋还是矿产资源的聚宝盆!

探测结果表明, 世界石油资源储量为10000亿吨, 可开采量约为3000亿吨, 其中海底储量就为1300亿吨。或许在明天, 人类就不用为日益增长的石油需求而发愁了!

锰结核是海底稀有的金属矿源, 含有锰、铜、镍、钴等几十种元素。调查发现, 世界上各大洋锰结核的总储藏量约为3万亿吨, 乃是陆地储藏量的几十倍甚至几千倍, 它们是未来可利用的最大的金属矿资源! 而且, 锰结核每年约以1000万吨的速度不断增长, 是一种取之不尽、用之不竭的矿产。

热液矿藏又称"重金属泥", 是由海脊裂缝中喷出的高温熔岩形成的。它们含有金、铜、锌等几十种稀有金属, 并且像植物一样, 以每周几厘米的速度飞快地增长, 是一种开发潜力较大的海底资源。

海洋粮仓: 科学家们利用回升流的原理, 在那些光照强烈的海区, 用人工方法把深海水抽到表面层, 而后在那儿培植海藻, 再用海藻饲养贝类, 并把加工后的贝类饲养龙虾, 从而形成一个海洋粮仓。

可燃冰是在海洋深处发现的一种新能源。它的样子像冰，可燃烧，可用作各种交通工具的能源，具有巨大的潜在价值。一些国家已经在为将来开采与使用可燃冰做准备呢。

锰结核

海洋还是未来的大粮仓呢！

海洋中的鱼虾蟹蚌以及一些海藻为人类提供了丰富的脂肪、蛋白质、维生素等。科学家们设计在光照强烈的海域建立饲养场，那样的话，我们将会在这个大粮仓中得到更为充足的食物！

我们相信明天的海洋会更加美好。但美好的明天需要人类不懈的努力，时刻保护海洋更要铭记在心！亲爱的朋友们，用科学知识武装自己吧，为进一步探索与开发海洋奋斗吧！

面向未来的建筑——生态建筑

现在地球上很多能源面临枯竭，建筑则消耗了世界六分之一的淡水，四分之一的木材，五分之二的材料和能源，世界人口继续增加，那将怎样解决这个棘手的问题呢？

▶

生态建筑要为居住者创造一种接近自然的感觉

生态建筑也被称作绿色建筑、可持续建筑。它既能为人创造一个舒适的空间小环境（即健康宜人的温度、湿度、清洁的空气、好的光环境、声环境及具有长效多适的灵活开敞的空间等）；同时又要保护好周围的大环境——自然环境（即对自然界的索取要少、且对自然环境的负面影响要小）。即可以理顺人、建筑和自然三者之间的关系。

很多人以为生态建筑只能是新建筑，其实它不仅局限于新建筑，老建筑经过一番"打扮"也能变身生态建筑。美国匹兹堡CCI中心是匹兹堡重要的绿色建筑，它是一座用旧楼改建的建筑。

生态建筑需要根据地理条件，设置太阳能采暖、热水、发电及风力发电装置，以充分利用环境提供的天然可再生能源。美国卡耐基梅隆大学建筑系的生态智能办公室是美国另一个绿色建筑的范例，其办公室屋顶是波浪式框架组合成的凸窗，装有太阳能收集装置，可在晴天全天最大限度地收集太阳能，供办公室采暖或制冷使用。能量存储装置还能在太阳能不足时补充所需能源。

生态建筑经典作品：德国商业银行总部。世界上第一座高层生态建筑，除非在极少数的严寒或酷暑天气中，整栋大楼全部采用自然通风和温度调节，将运行能耗降到最低，污染最小。

LANSE XINGQIU—GAOKEJI YU HUANBAO

▲ 德国商业银行总部

生态建筑的误区："新的"就是"好的"？新的建筑材料的确可能体现最新技术成果，但不一定就是最好的。建材是否是生态的，需要用系统和历史的眼光看待。非洲的覆土建筑和中国南方的竹楼，都是很好的生态建筑模型。

生态建筑应尽量采用天然材料，节约资源。建筑中采用的木材、树皮、竹材、石块、石灰、油漆等，要经过检验处理，确保对人体无害。美国匹兹堡CCI中心楼板和平屋顶结构使用了农副产品制成的板材，即用麦草定向编束并制成结构保温板，成为美国第一座使用此种产品的公共建筑。渥太华登山设备公司是加拿大首家遵循C-2000绿色建筑要求建造的零售商店。它的设计特点包括对再生材料和低能耗材料的广泛利用，建筑中使用的涂料、泡沫密封胶等材料都选用了低有机挥发物含量的制品。墙体保温材料则选用了稻草和旧报纸。

生态建筑要为居住者创造一种接近自然的感觉。20世纪80年代的时候，美国芝加哥就建成一座雄伟壮观的生态大楼。在原来应设置墙壁的位置上移种植物，把每个房间隔开，人们称之为"绿色墙"、"植物建筑"。这种生态型植物的施工并不复杂，就地取材，以树木为主材，采用经过规整的活树木来"顶梁"、"代柱"和"替代墙体"，应用流行的"弯折法"和"连接法"，建造出造型新奇的住宅和办公楼。人们生活在这种树木葱郁、绿草如茵的植物建筑里，空气清新，景色宜人，仿佛置身于绿色的大自然中。

　　目前，生态建筑在各地方发展都处于起步阶段。西欧和北欧是发展得较好的地区。生态建筑不是一朝一夕就能完成的，它代表了新世纪的方向，是我们该为之奋斗的目标。

▼　　生态建筑要为居住者创造一种接近自然的感觉

生态农业

20世纪60年代末期,世界农业又向前大大迈进了一步——因为一种新型的现代农业生产体系出现了,那就是"生态农业"!接下来让我们一起了解一下生态农业吧!

▲ 生态农业投入少,产量高

在农业生产过程中,如果能够恰当地把种植业、养殖业、加工业等结合起来,使废物减少到最低限度,而产品的收获量却可达到最高,这种类型的农业就是生态农业(ecological agriculture)。

生态农业的实质就是通过提高太阳能的利用、生物能的转化、废弃物的再循环利用等,促进物质在农业生态系统内的循环重复利用,以尽可能少的投入,求得尽可能多的产出,并获得生产发展、能源利用、环境保护、经济效益等相统一的综合效果。

我国珠江三角洲地区的桑基鱼塘就是一种典型的生态农业。桑基鱼塘是我国劳动人民在长期耕作过程中为充分利用土地而创造出来的一种高效人工生态系统,它的具体做法是:塘内养鱼,塘基种桑,以桑养蚕,蚕沙喂鱼,鱼粪肥塘,塘泥肥桑;如此形成一个良好的生态循环系统!桑基鱼塘的发展,不仅促进了种桑、养蚕及养鱼事业的发展,也带动了缫丝等加工业的发展。在营造了理想的生态环境的同时,也收到了理想的经济效益!

石油农业:与生态农业相对立的就是传统的石油农业。石油农业是世界经济发达国家以廉价石油为基础的高度工业化的农业的总称。是一种把农业发展建立在以石油、煤和天然气等能源和原料为基础,以高投资、高能耗方式经营的大型农业。

蓝色星球——
高科技与环保

当然，桑基鱼塘本身也在不断地发展与改良，过去的桑基鱼塘已发展成为桑园—养蚕工厂—鱼塘—农舍四位一体的新型的农业生态系统。

在这个生态农业系统中，农民居住在二楼，一楼用来养蚕，也就是建立起一个养蚕工厂，楼房的旁边就是鱼塘，而鱼塘的上面建有一个水上厕所，楼房和鱼塘的四周种着桑树。这就是该生态系统的基本结构。为什么要在鱼塘上建一个水上厕

▲ 蚕沙可以用来喂鱼

所呢？因为人的粪便是养鱼用的很好的饲料。另外养蚕工厂的废料，比如蚕沙和蚕渣等也是用来养鱼的，而鱼塘里的塘泥则是桑园的肥料。桑园的生长状况决定着蚕的生长，而蚕和鱼的生长又决定着农民的收成。

菲律宾的马雅农场也是一个十分典型的生态农场，这个农场由庄稼地、猪场、牛场、养鱼

池、污泥处理池、饲料加工厂、沼气厂以及其他农牧产品加工厂等组成。庄稼地的废料可做成饲料饲养动物，同时也可以和牛场、猪场的粪便作为沼气厂的良好的原料，沼气厂可以生产出饲料的原料、肥料水和沼气，所产的沼气可以满足整个农场工业生产所需的动力……使生物能获得了最充分的利用，并且有效地控制了庄稼的废弃物和人畜粪便对大气和水体的污染。可以说实现了能源和资源的有效的综合利用！

　　目前，生态农业的理论研究、试验示范、推广普及等都取得了巨大成就！但在我国由于存在着技术体系不够完善、服务水平和能力建设不能适应要求、农业的产业化水平不高等问题，严重限制了生态农业的发展！希望假以时日，我国会得到更大的发展！

　　沼气是有机物质在厌氧环境中，在一定的温度、湿度、酸碱度的条件下，通过微生物发酵作用，产生的一种可燃气体。由于这种气体最初是在沼泽、湖泊、池塘中发现的，所以人们叫它沼气。

▲
废料与粪便都可以作为沼气厂的原料

清洁生产

人类生存环境不断恶化,尤其是工业化以来! 在人类对环境问题的认识及治理下,在可持续发展理念的影响及要求下,在对传统治理污染方式——末端治理的思考与反思下,一种新的控制污染的模式应运而生,这就是清洁生产!

清洁能源是指在生产和使用过程中不排放污染物的能源,包括核能和可再生能源。核能虽然属于清洁能源,但消耗铀燃料,不是可再生能源,投资较高,而且几乎所有国家都无法保证核电站的安全。可再生能源是指可以不断再生并有规律地得到补充或重复利用的能源,如水能、风能、太阳能、生物能、潮汐能等。

清洁生产(cleaner production)是一种创新思想,为了增加生态效率,这一思想将整体预防的环境战略持续应用于生产过程、产品和服务中。对生产过程而言,清洁生产要求节约原材料与

▲

清洁生产是一种新的控制污染的生产模式

能源，淘汰有毒原材料，减少废弃物的数量与毒性；对产品而言，清洁生产要求减少从原材料提炼到产品最终处置的全生命周期的不利影响；对服务而言，清洁生产要求将环境因素纳入设计与所提供的服务中。

这一术语及其定义均是由联合国环境规划署与环境规划中心提出来的。其实，在不同的发展阶段和不同的国家，清洁生产有着诸多不同的叫法。在美国，清洁生产最初被称为"废物最小量化"，后来又被称为"污染预防"；欧洲国家有时称清洁生产为"少废无废工艺"、"无废生产"；而日本多称为"无公害工艺"。尽管叫法不同，但就其本质来说，它们却是基本一致的！

清洁生产从本质上来说，就是对生产过程与产品采取整体预防的环境策略，减少或者消除它们对人类和环境的危害，同时，充分满足人类需要，使社会经济效益达到最大化。清洁生产

▲
组织物料的再循环

末端治理是指在生产过程的末端，对已经产生的污染物进行处理以减轻对环境的污染的治理方式。末端治理在环境管理发展过程中是一个重要的阶段，它有利于消除污染事件，也在一定程度上减缓了生产活动对环境的污染和破坏趋势。

主要强调以下三个重点：

清洁的能源：包括开发节能技术，开发利用再生能源以及合理利用常规能源等。

清洁的生产过程：采用少废、无废的生产工艺技术和高效的生产设备；尽量少用、不用有毒有害的原料；减少生产过程中的各种危险因素和有毒有害的中间产品；组织物料的再循环；优化生产组织和实施科学的生产管理等。

清洁的产品：产品应具有合理的使用功能和使用寿命；产品本身在使用过程中，对人体健康和生态环境不产生或产生较少的不良影响和危害；产品失去使用功能后，应易于回收利用等。

清洁生产是实施可持续发展的重要手段，力求达到两个目标：通过资源的综合利用、短缺资源的代用、二次能源的利用等，减缓资源的耗竭，达到自然资源和能源利用的最合理化；减少废物和污染物的排放，促进工业产品的生产和消耗与环境相融，降低工业活动对人类和环境的风险，实现经济效益的最大化。

清洁生产的出现是人类工业生产迅速发展

的历史产物! 20世纪六七十年代, 公害事件不断发生, 传统的治污方式逐渐显现出其固有的缺陷。1976年, 欧共体举行的 "无废工艺和无废生产国际研讨会" 提出了 "消除造成污染的根源" 的思想; 1979年4月欧共体理事会宣布推行清洁生产政策; 1989年5月, 联合国环境署工业与环境规划活动中心制定了《清洁生产计划》, 在全球范围内推进清洁生产。1992年6月, "联合国环境与发展大会" 通过了《21世纪议程》; 自此, 清洁生产逐渐得到各国政府和企业的认可。我国也于1994年提出了《中国21世纪议程》, 将清洁生产列为重点项目之一。

产品失去使用功能后, 应易于回收利用

▼

垃圾分类处理

　　但凡是人们不需要的、无用的或者是令人恶心的东西，我们都可称之为垃圾。想想看，遍地的垃圾，蚊蝇滋生、污水四溢、臭气冲天……垃圾在污染着环境的同时也损害了我们的健康。所以，我们一定要对垃圾进行分类处理！

▶ 我们一定要对垃圾进行分类

　　垃圾发电：从20世纪70年代起，一些发达国家便着手运用焚烧垃圾产生的热量进行发电。而如果我国也能将垃圾充分有效地用于发电，每年将节省煤炭5000万～6000万吨，其"资源效益"极为可观。

　　我们可以按照垃圾的不同成分、属性、利用价值以及处理方式等，将垃圾分成不同的种类。德国一般将垃圾分为纸、玻璃、金属、塑料等；澳大利亚一般将其分为可堆肥垃圾、可回收垃圾、不可回收垃圾等；日本一般将其分为资源类、粗大类、有害类等。而我国现在一般将生活垃圾分为四大类：可回收垃圾、厨余垃圾、有害垃圾和其他垃圾。可回收垃圾主要包括废纸、塑料、玻璃、金属和布料五大类;厨余垃圾是指剩菜剩饭、菜根菜叶、骨头、果皮等食品类废物;有害垃圾包括废电池、废日光灯管、废水银温度计、过期药品等;其他垃圾则是指除上述几类垃圾之外的垃圾,像砖瓦、陶瓷、渣土、卫生间废纸、纸巾等。

每回收1吨废纸就可以造出850千克好纸

目前,国内外广泛采用的垃圾处理方式主要有综合利用、卫生填埋、高温堆肥和焚烧处理等。

对于可回收垃圾,我们可以通过综合利用。这样既减少污染,又节省资源。据相关统计表明,每回收1吨废纸就可造出850千克的好纸、节省木材300千克，比起等量生产会减少74%的污染；每回收1吨塑料饮料瓶就可获得0.7吨二级原料；每回收1吨废钢铁就可炼出0.9吨的好钢，比起用矿石冶炼会节约47%的成本、减少75%的空气污染等。

卫生填埋可以避免露天堆放垃圾所产生的问题，是大量处理城市垃圾的有效措施。卫生填埋最大的优点是垃圾处理费用低、方法简单，对于其他垃圾，我们就可以采用这一方法。

高温堆肥需要将垃圾堆积起来，保温至70℃储存发酵。借助垃圾中微生物的分解能力，垃圾

焚烧处理是目前世界各国广泛采用的垃圾处理技术

▼

最终变为肥料。这可是实现了垃圾的资源化！对于厨余垃圾，我们便可采用这一方法。

焚烧处理是目前世界各国广泛采用的垃圾处理技术。它可以实现资源的减量化——焚烧后废物体积可减少90％以上，重量减少80％以上。而且，焚烧所产生的热量可用来发电和供暖。需要注意的是，焚烧处理要求垃圾的热值大于3.35兆焦耳每千克，否则，所采用的其他辅助方法会产生二噁英、汞蒸气等有毒气体。

我国城市垃圾处理一直是以卫生填埋和高温堆肥为主，近年来，随着经济和科技的发展，我国也越来越重视对焚烧技术的研究。目前，我国许多城镇都设置了有三个口的分类垃圾桶；尽管桶上标明了垃圾的类型，可广大的市民并不知道如何分类投放手中的垃圾。

所以，作为普通的一员，我们要从根本上强化环保意识，增强垃圾分类常识，从源头上为解决垃圾问题尽一份力！

垃圾气化：将垃圾转变为可用能源的想法早在几十年前就已经出现。而现在，人们出于能源安全与气候变暖的担忧，加上处理全球垃圾的成本逐渐上升，促使过去用于处理医疗废物等危险垃圾的方法——垃圾气化——将可能用于处理生活垃圾。

"可燃冰"有望成为后续能源

随着石油、煤炭等化石燃料的逐渐枯竭，寻找可以替代它们的后续能源成为了我们人类的重要任务。在寻找过程中，储藏在海底和陆地一些地方的"可燃冰"成为了我们的目标和未来能源的希望。

"可燃冰"的发现。早在1778年英国化学家普得斯特里就着手研究气体生成的气体水合物的温度和压强。1934年，人们在油气管道和加工设备中发现了冰状固体堵塞现象，这些固体不是冰，而是人们现在说的"可燃冰"。1965年苏联科学家预言，天然气的水合物可能存在于海洋底部的地表层中，后来人们终于在北极的海底首次发现了大量的"可燃冰"。

"可燃冰"全称甲烷气水包合物，学名天然气水化合物。最初人们认为可燃冰只有在太阳系外围那些低温、常出现冰的区域才可能出现，但后来发现在地球上许多海洋底部的沉积物底下，甚至地球大陆上也有可燃冰的存在，而且其蕴藏量还非常丰富。

"可燃冰"被视为未来的洁净能源。它是天然气的固体状态，它与天然气的关系类似于冰与水蒸气的关系。不

▲ "可燃冰"是未来能源的希望

过，"可燃冰"的形成过程与冰有很大不同，它的形成与海底石油的形成过程密切相关。当埋于海底地层深处的大量有机质在缺氧环境中，厌气性细菌就会把有机质分解，最后形成石油和天然气。其中许多天然气会被包进水分子中，在海底的低温与压力下形成"可燃冰"。另外，"可燃冰"的形成还与海洋板块活动有关。当海洋板块下沉时，较古老的海底地壳会下沉到地球内部，海底石油和天然气便随板块的边缘涌上表面。当接触到冰冷的海水和在深海压力下，天然气与海水就会产生化学反应，形成"可燃冰"。这是因为天然气的

"可燃冰"的分布主要集中在海底

特殊性能，即可以在温度2~5摄氏度内和水结晶。从外表上看"可燃冰"像冰霜，从微观上看其分子结构就像一个个由若干水分子组成的笼子，每个笼子里"关"一个气体分子一样。

其实，"可燃冰"的形成并不容易，要具备三个基本条件才有可能形成：首先，温度不能太高，0~10摄氏度为宜，最高限是20摄氏度左右，再高就分解了。第二，压力要够，但也不能太大，零度时，30个大气压以上它就可能生成。第三，地底要有气源。必须

▲

"可燃冰"的开采十分困难

三个条件同时具备才能形成"可燃冰"。

"可燃冰"在地球上的分布主要集中在海底。因为，在陆地只有西伯利亚的永久冻土层才具备形成条件和使之保持稳定的固态，而海洋深层300~500米的沉积物中都可能具备这样的低温高压条件。因此，其分布的陆海比例为1∶100。科学家估计，海底"可燃冰"分布的范围约占海洋总面积的10%，相当于4000万平方千米。目前，"可燃冰"主要分布在东、西太平洋和大西洋西部边缘，是迄今为止海底最具价值的矿产资源，足够人类使用1000年；也是一种极具发展潜力的新能源。但由于在常温常压下"可燃冰"就会分解成水与甲烷，所以开采起来相当困难。不过，世界各国都在为之努力着，相信不久的未来"可燃冰"会真的成为人类的新能源。

"可燃冰"是把"双刃剑"。"可燃冰"是人类未来能源的希望，可是开采"可燃冰"也会给我们带来很多的问题。有学者认为，在导致全球气候变暖方面，甲烷所起的作用比二氧化碳要大10~20倍。而"可燃冰"矿藏哪怕受到最小的破坏，都足以导致甲烷气体的大量泄漏。另外，陆缘海边的"可燃冰"开采起来十分困难，一旦出了井喷事故，就会造成海啸、海底滑坡、海水毒化等灾害。

"人造太阳"——人类未来能源的希望

后羿射日的故事在我国可谓妇孺皆知，相传古时候天上有十个太阳，大地被烤得如焦似火。后羿是个力大无比之人，为救天下苍生，他射下了九个太阳，只留下了一个，从而使天下安宁。不过，在能源不断短缺的今天，我们好像需要把后羿射下的太阳"拉回来"一个。

▲ 人造太阳成为新能源的选择之一

当今世界，人口爆炸性地增长，能源、资源危机步步逼近。人类迫切需要新的能源来缓解这些危机，"人造太阳"成为人们的选择之一。一旦"人造太阳"成为现实，就可以一劳永逸地解决人类存在的能源短缺问题，因此"人造太阳"成为了当今世界一个挡不住的大诱惑。

与真实的太阳产生能量的方式相同，"人造太阳"也是通过核聚变产生我们所需能量的，而如果想让"人造太阳"产生的能量为我们所用就必须先实现可控制的核聚变反应，但实现可控制的核聚变反应并非易事，需要我们长时间的努力。有人估计，实现这一目标至少还需50年。

LANSE XINGQIU—GAOKEJI YU HUANBAO

太阳对地球的双重影响。正面影响：①太阳为地球直接或间接（化石燃料）提供了各种能量，为地球上生命的存在和发展创造了条件；②太阳塑造了地球的地理形态。负面影响：太阳活动异常时引起地球磁暴、电磁短波通信中断、地球气候异常等。

不过，让世人感到兴奋的是2006年5月24日在欧盟总部布鲁塞尔，中国、欧盟、美国、韩国、日本、俄罗斯和印度7方代表共同草签了《成立国际组织联合实施国际热核聚变反应堆

核聚变单位产生的能量比核裂变大7倍

（ITER）计划的协定》，这意味着与"人造太阳"相关的ITER计划将全面启动，"人造太阳"将由梦想逐步变为现实。

ITER计划的目标是要建造可控制的核聚变反应堆，最终实现商业运行。根据原子弹和氢弹爆炸的原理，核裂变和核聚变产生的能量都相当大，但核聚变单位质量产生的能量要比核裂变大7倍，利用核聚变为人类造福的前景是非常好的。

核聚变所需要的氢是宇宙中最丰富的元素。氢的聚变反应在太阳上已经持续了近50亿年，至少还可以再燃烧50亿年。在其他恒星上，也几乎都在燃烧着氢的同位素氘和氚。而氘在地球上是取之不尽的。科学家初步估计，地球上的海水中蕴藏了大约40万亿吨氘。如果把自然界的氘和氚全部用于聚变反应，释放出来的能量足够人类使用100亿年。与核裂变相比，氘和氚的聚变能是一种安全、不产生放射性物质、原料成本低廉的能源。

但再造"太阳"的难度还是相当大的。譬如，如何让聚变后产生的上亿摄氏度的等离子

"人造太阳"在中国：2007年3月，由我国自行设计、研制的世界上第一个"人造太阳"在合肥成功完成首次工程调试。放电50毫秒！虽然还不到1秒，却使人们进一步看到了通过核聚变解决能源问题的希望。我国这个新一代"人造太阳"——EAST，以不争的建设、运行业绩向世人表明：中国人在核聚变实验领域站到了世界前沿。

体，长时间内"老实地待在器皿里"，使聚变反应稳定持续地进行。为了制造出这么一个"魔瓶"来，科学家已经呕心沥血几十年，至今还没有找到一个满意的答案。因此，在ITER计划实施过

海水中蕴藏了大约40万亿吨氘

程中，许多尖端的前沿课题和工程技术难关还有待各国科学家一一攻克。

这项前无古人的ITER计划，或许也是一个别无选择的计划，将为人类的生存和发展创造又一个"太阳"。虽然这个"太阳"离我们还有一段距离，不过可以相信，"人造太阳"普照人间的这一天终将来临。

"绿色"的"鸟巢"

节能环保在当今越来越被人们关注，而作为"绿色奥运，科技奥运，人文奥运"的主会场，"鸟巢"中的高科技的环保设计可不敢马虎，为了达到"处处是环保，时时为节能"的目的，设计者可谓煞费苦心。

▲ 国家体育场的外观为一个
没有完全密封的鸟巢状

知道为什么国家体育场的外观之独创为一个没有完全密封的鸟巢吗？其实啊，就是为了充分利用自然通风和自然采光，以尽量减少人工的机械通风和人工光源带来的能源消耗。对场内用房的维护结构的传热系数也进行控制，实现优化保温。同时，对大面积窗户也将做外遮阳处理，以全面提高建筑物的节能水平。

"鸟巢"里使用了各类高效节能型环保光源，在行人广场等室外照明中尽可能地采用太阳能光伏发电照明系统。在暖通空调、消防设施等处采用绿色环保的无氟工作介质，积极实施保护臭氧层的各种措施。

"鸟巢"中足球场地的下面也暗藏环保"机

臭氧层是指大气层的平流层中臭氧浓度相对较高的部分。距地面15～50千米高度的大气平流层，集中了地球上约90%的臭氧，这就是臭氧层。臭氧层耗竭会使太阳光中的紫外线大量辐射到地面。紫外线辐射增强，对人类及其生存的环境会造成极为不利的后果。每年的9月16日为国际保护臭氧层日。

"鸟巢"中足球场地的下面也暗藏环保"机关"

钢结构屋顶密布的网格中有钢制的天沟

关"！这些"机关"就是隐藏在足球场地草坪下的地源热泵的地下热管。它们冬季可以吸收土壤中蕴含的热量，给建筑物供热；夏季又能吸收土壤中存储的"冷气"，向建筑物供冷。这样一来，就可以满足赛时、赛后部分负荷运行，并能储存冰能，来调节室温。这样既减少了运行时的能耗，又充分利用可再生能源，节能又环保。

如果遇到比赛下雨，硕大的"鸟巢"如何将雨水顺利排出来是个大问题。不用担心，在"鸟巢"的钢结构屋顶密布的网格中，有钢制的天沟，雨水斗暗藏其中。这些雨水斗具有足够的虹吸力，可以完全消除顶部积流的雨水，而且还带有加热部件，可以在冬季融化雨水斗周边的积雪，再顺利将水排出，为"鸟巢"打造了优秀的"内部代谢通道"。

这些收集起来的雨水，通过处理，与市政优质中水合并，最终就变成了可以用来绿化、冲厕、消防甚至是冲洗跑道的回收水。按照测算，这套雨洪利用系统一年总共能够处理产生5.8万立方米的回收水，每小时最高能够处理100吨雨水，产生80吨回收水。

"鸟巢"中的环保细节几乎随处可见。 在"鸟巢"内运用的建筑材料、装修材料及制成品均选用节能环保型产品；还设置充分的固体废弃物收集、处理设施，达到优化的废弃物回收利用水平。比如场内的8万个永久座椅，十分耐用，达到了B1难燃级别，更重要的是，这些座椅一旦废弃还可以粉碎后再利用，对环境没有污染。

"鸟巢"里的节水设计也丝毫不含糊。比如"鸟巢"里有一种全新的环保厕所。这种厕所不仅可以直接将废物转化成中水，同时还能将一部分中水做进一步深化处理，处理后的水甚至可以用来洗手。景观绿化则采用微灌或滴灌头，体育场草坪设置有适度感应探头，实现高效节水。

地源热泵是利用地球表面浅层水源（如地下水、河流和湖泊）和土壤源中吸收的太阳能和地热能，并采用热泵原理，既可供热又可制冷的高效节能空调系统。此系统不消耗水也不污染水，不需要锅炉，环保效益显著；且维护费用低，自动控制程度高，使用寿命长。

"水立方"——小点滴，大环保

取名为"水立方"的国家游泳中心，演绎着精彩的比赛，演绎着梦幻的色彩，同时也演绎着"环保、科技"的奥运理念。那就且看环保如何被"水立方"展现得淋漓尽致吧！

毫无疑问，"水立方"里面最多的是水，为了节水，场馆设计者可是苦思冥想，巧妙地将节水做得"滴水不漏"！

拥有三个巨大游泳池的水立方，每小时蒸发掉的水就要超过一吨，为了避免这种浪费，在游泳池不用的时候用塑料布或其他材料覆盖。覆盖计划包括了整个"水立方"的比赛池、戏水大厅等。而且消耗掉的水分将有80%从屋顶收集并循环使用，这样可以减弱对于供水的依

水立方灯光景观采用LED

赖和减少排放到下水道中的污水。室外绿地呢，为了减少蒸发，在夜间进行灌溉，采用微灌喷头，可以节约用水5%。另外，其独有的雨水回收系统，一年回收的雨水量1万吨左右，相当于100户居民一年的用水量。

泳池换水全程采用自动控制技术，提高净水系统运行效率，可以节约泳池补水量50%以上。此外，泳池和水上游乐池也采用防渗混凝土以防渗漏。洗浴等废水，经过各种处理后，用于

ETFE膜（乙烯－四氟乙烯共聚物）是一种轻质新型材料，具有有效的热学性能和透光性，可以调节室内环境，冬季保温、夏季散热，有自洁功能，膜的表面基本上不沾灰尘。而且还会避免建筑结构受到内部环境的侵蚀。

▲
水立方整个建筑包裹的ETFE膜结构

场馆内便器冲洗、车库地面的冲洗以及室外绿化灌溉。仅此一项就可每年节约用水44530吨。

为尽可能减少人们在使用时对水的浪费，"水立方"对便器、沐浴龙头、面盆等设备均采用感应式的冲洗阀，合理控制卫生洁具的出水量，并在各集中用水点设置水表，计量用水量。如此，可以节水10%左右。此外，为了减少水的蒸发量，"水立方"其他方面的环保节能设计也很到位。为了减少二氧化碳的产生，"水立方"利用太阳能电池提供电力，大量使用新型材料，使空调和照明负荷降低了20%~30%。系统对废热进行回收，热回收冷冻机应用一年将节省60万度电。还有现代化消防装置为建筑量身定做，比常规设施节约74%。

"水立方"整个建筑内外层包裹ETFE膜结构，不仅可以给人带来美丽的视觉感受，而且具有极高的实用性。场馆每天能够利用自然光的时间达到了9.9小时，一年下来，8万平方米的"水立方"将节约大量的电力资源。

"水立方"变幻莫测、绚丽夺目的灯光景观让人赞叹不已，这里面也有环保的"身影"哦！

其光源采用的是LED。这种光源属于高科技产品，其材料不含汞，低辐射，废弃物可回收，有利于环保。采用这种新型环保材料后，每年可减少汞排放量113.322克，每年减少二氧化碳排放量969.179吨，节能率达到73.34%。

LED 即半导体照明，是发光二极管(light emitting diode) 的简称。LED 不对外发射红外线和紫外线，是绿色光源，而且色彩丰富，光分布易于控制，适合表现多变的形象.LED 光源比节能灯更节能，而且抗震性能好。

▲　"水立方"游泳池换水全程采用自动控制技术

生态玩具"玩"生态

蚂蚁"登堂入室"，成为办公桌上的时尚宠物；卡通盆栽"毛发浓密"，等你来设计百变造型；变色仙人掌在阳光下五彩斑斓……这就是近年玩具市场上独树一帜的新秀——生态玩具。

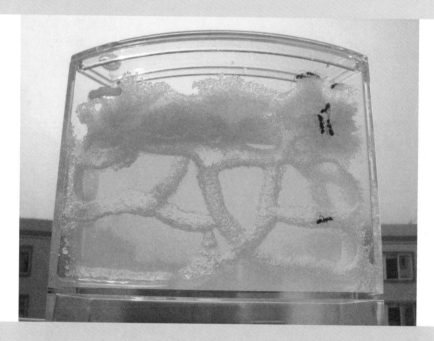

▲　蚂蚁工坊

生态玩具，泛指创意来自原生态和自然原理而富有教育意义的玩具。它们给孩子和都市白领提供和自然接触的机会，绿色环保，集趣味性、益智性、科普性和观赏性于一身，在为我们提供快乐的同时也为我们打造了一个天然安全的环境。这些以"生态"冠名的小型玩具，不必花费大量心思去饲养和讨好，同样可以带来良好的互动体验。而且形态多样，体型小巧，可以任意摆放，随时解压。

玩具业走绿色环保的道路有多种表现形式。有的制造商是完全的绿色环保生产型，在生产和包装的过程中采用不破坏生态平衡的资料和工序；有的制造商则在主要流程实施环保，采用绿色的单一生产线，通过木材、优质天然材料、大豆和竹等原料，低环境影响的包装和生产工艺等手段生产。

在国内生态玩具这个词最早起源于蚂蚁工坊，所谓蚂蚁工坊，就是把蚂蚁放在装有"土壤"的透明容器里，让蚂蚁在其间自由穿梭和挖洞。蚂蚁工坊里居住的蚂蚁在蚁界绝对称得上是庞然大物，它们中最小6毫米，最大的有12毫米，它们住进工坊一两个月后，即可在"蓝色土壤"中挖出好几条横竖交叉的隧道，人们可以隔着透明容器看蚂蚁如何开挖隧道，趣味十足。蚂蚁工坊中的"土壤"也别具一格，它们是蓝色的胶质物，提供了蚂蚁维持生命的水和营养物质。因此，你不用喂食，也不用给它们洗澡，更不用带着这些小可爱去宠物医院。

生态玩具神奇自然地再现了生态环境，具备玩具和宠物的双重优点，生动，真实，好玩，趣味性强，变化多端。目前国内已开发五大类数百种生态玩具。比如，"海底世界"是一个小小的容器，它能模拟威力无比的龙卷风、洋流、大气对流等神奇自然景观；一个透明的水杯，一块晶体，就能看见海底"火山爆发"；一包土，一碗水，混在一起就长出"美人鱼"；一颗天然的珍珠长在贝壳中，珊瑚、贝壳、海星、小龟，海底世界，千姿百态，带给你不一样的世界。

另外，生态盆栽与普通的盆盆罐罐花花草草不同，是一种崭新的现代盆景。植物专家调配的全营养仿生土壤，植物的整个生长过程都能展现在你的面前。只需浇水，养殖方便、干净、轻松，没有养花经验的人也成高手。绿草茵茵的青草、娇嫩欲滴的小花、手指粗细的黄瓜、弹丸似的番茄、网球大的茄子等，给你的生活注入田园般的气息。

全球低碳化掀起的第四次浪潮正在加速来

▼
生态盆栽让不会养花的你也能成为高手

临,七巧板、积木、绳套、变形金刚、芭比娃娃、遥控汽车、飞机……这些曾经给我们带来过儿时美好回忆的玩具,如今却成为我们生活环境的"隐形杀手"。这些传统玩具是在玩具制造厂里进行流水线生产的,机械的运转增加了空气中二氧化碳的含量,加重了地球的负担。那就让我们选择这些环保可爱的生态玩具,为低碳生活奉献自己的一份力量 吧!

LANSE XINGQIU—GAOKEJI YU HUANBAO

世界文明先后经历了三次浪潮。第一次浪潮是农业文明,实现人类农耕文明的兴起,带动农业的辉煌发展;第二次浪潮是工业文明,带来工业化的飞速发展;第三次浪潮是信息化,引领信息化改革,全球进入知识经济时代;第四次浪潮,即低碳化浪潮。

▶ 传统玩具加重了地球的负担

环保科技 点亮 2010 上海世博会

上海世博会的举办不仅为人们提供了一个聚集了世界各地风情的游玩之地，在全球严峻的生态形势和"城市，让生活更美好"的世博主题感召下，各国都充分利用世博会这个集聚了全球智慧的舞台，以各不相同的方式传达了对人类生存环境的共同关注，而环保科技让这届世博会亮点颇多。

塑木，指以经过预处理的植物纤维或粉末为主要成分，与高分子树脂基体复合而成的一种新型材料。它既保持了实木地板的亲和性感觉，又具有良好的防潮耐水、抑真菌、抗静电、防虫蛀等性能。利用木屑、稻草、废塑料等废弃物生产的系列木塑复合材料正逐步进入装修、建筑等领域。

漫步上海世博会，人们可以发现，这里汇聚了来自世界各地最新的环保理念、科学技术和实践案例，从各自的角度诠释着节能、环保，指引着未来人类城市的发展道路。

世博轴上那朵朵"喇叭花"其实名叫"阳光谷"。6个"阳光谷"贯穿世博轴各层建筑平面，可将倾泻而下的自然光、流动的空气引入建筑内部和地下空间，这是世博轴节能的一个起点。被称为"东方之冠"的中国国家馆，节能当然不肯落后。采用保温隔热的聚氨酯硬质泡沫材料和保温隔热涂料，让中国馆的建筑能耗比传统模式至少降低了25%。主体建筑的挑出层，构成了自遮阳体型,已经为下层空间遮阴节能了。

上海世博会主题馆东西立面设置垂直生态绿化墙面,面积达5000平方米。夏季,可利用绿化隔热外墙阻隔辐射。冬季,既不影响墙面得到太阳辐射热,又可形成保温层。

还有由万千柳条"编织"而成的西班牙国家馆,展馆内部建筑材料主要使用竹子和半透明纸,能起到天然降温的作用,顶部则利用太阳能,起到节能效果。

世博园里还有很多让人目瞪口呆的设计呢。在浦东世博园区的高架人行步道等户外休闲区域,铺设的是塑木,它可以100%回收循环利用。为了将环保进行到底,牛奶饮料纸包装也在"环保世博" 中大显身手哦!这些包装巧妙变身成环保分类垃圾桶、环保长椅和环保小方凳安置在世博园区的各个角落;还有一些要做成再生纸,用于印刷世博节目单。

上海世博会中有一个由7个麦秸秆板搭建

近看塑木材料

而成的"麦垛"展馆，更加神奇的是，这里面的墙体很多是由易拉罐和废旧电脑主板搭建的。此外，世博会期间的一次性餐具将用生物质材料——"玉米塑料"制成。不仅是一次性杯子、托盘、包装盒，世博会上使用的路牌、胸卡、磁卡等也是由源于玉

米的聚乳酸材料制成，彰显了绿色理念。

如果你仔细观看，会发现本次上海世博会环保创意真的无处不在。其实世博真正要告诉我们的是，怎样建设更加美好的家园、使城市与大自然和谐融合，怎样保护好我们赖以生存的地球。"路漫漫其修远兮，吾将上下而求索"，相信在环保的路上人们将越走越远，越走越宽。

玉米经过现代生物技术可生产出无色透明的液体——乳酸，再经过特殊的聚合反应过程生成颗粒状高分子材料——聚乳酸。从玉米中提取的聚乳酸颗粒称为"玉米塑料"，可广泛应用于工程材料、包装材料、日用器具、医用材料、家具板材等领域。其废弃后可采用堆肥填埋处理，也可当作有机肥施入农田成为植物养料。

中国国家馆的能耗比传统模式至少降低25%

小窥世博环保场馆

上海世博会各参展国的展馆建筑各具特色，美不胜收，但很多人可能无缘亲临这场精彩的盛会，看不到那些神奇的展馆，那下面就为你盘点世博七大最具节能环保的场馆，一起来"目睹"它们的风采吧！

生态气候指动植物生活中所必须的或是能影响它们生长发育的气候条件，包括光质光量、温度、湿度、风、降水以及大气成分等。生态气候还与当地的植被、地貌和土壤等有密切的联系，对生物群落和生态系统的发育与存在有着重要作用。

1.日本馆——一座会"呼吸"的展馆。日本馆设计有"循环呼吸柱"，通过它们的作用，外部光线能进入建筑，实现日本馆中央部分室内空间的自然采光。下雨时，呼吸柱会自动蓄水，并将汇集的雨水从屋顶洒落，不但清洁屋顶，还能降低室内温度。除引入光和水外，循环呼吸柱还能把外部的风引入并冷却，送入馆内，从而降低室内的空调负荷。日本馆在设计上还采用了环境控制技术，使得光、水、空气等自然资源被最大限度利用。日本馆顶端有三根突起的"触角"，其表面用了一种叫ETFE的薄膜材料，具有最大程度的透光性，薄膜内部包裹着非晶体太阳能电池，使日本馆表面能利用太阳能发电。

2.意大利馆——冬用太阳能，夏用气流和水流降温。意大利馆提出生态气候的策略，即在冬天利用太阳能辐射，而在夏天则利用自然的空气气流和水流降温，热风通过自动调节系统排除，可以降低内部建筑的温度。在控制辐射的同时，热能又能集中在带有光电集成模块的透明玻璃上，可以充分节约电能。最后，顶盖部分设计，则可以有效地防护雨水的侵蚀。

　　3.芬兰馆——边角余料谱写"新篇章"。芬兰馆的昵称为"冰壶"。"冰壶"的"鱼鳞外墙"采用了一种新型材料：以标签纸和塑料的边角余料为主要原料，表面坚硬耐磨，水分含量低，自重轻，不褪色。"冰壶"顶部的碗状开口设计，可促进自然通风，且能铺设太阳能电池板，为展馆

芬兰馆以标签纸和塑料的边角余料为主要原料

制冷等设备提供电力；雨水也可进行回收再利用。世博会后，"冰壶"可被方便地拆卸，然后异地重建，后续利用。

4.卢森堡馆——展馆材料均可"重新来过"。作为欧洲的"绿色心脏"，卢森堡向来十分重视环保问题。整个展馆的建筑材料都是钢、木头和玻璃等可回收材料，能源的回收再利用也将成为可持续发展城市的一个典范。

5.新加坡馆——冷水池，大亮点。围绕新加坡馆一楼中心区域的冷水池，除具有非常重要的美观作用外，还能有效地调节馆内温度，从而避免大量能耗。同时，整座建筑大量采用可回收利用的建筑材料。

6.瑞士馆——大豆做帷

瑞士馆的幕帷主要由大豆纤维制成

144

幕。瑞士馆是一个开放的空间，最外部的幕帷主要由大豆纤维制成，既能发电，又能天然降解。

7.葡萄牙馆——软木为墙。葡萄牙馆拥有一个以软木建成的外立墙，软木是一种具有葡萄牙特色的材料，不仅环保而且可以回收。

这些环保的美丽绿建筑和与大家一起分享，这正是我们建筑未来发展的趋势哦！

软木，俗称木栓、栓皮。植物木栓层非常发达的树种的外皮产物。它具有吸音、防潮、防磨、防火、隔热、防腐等诸多优良性能，且经济实用，利于环保，是一种较理想的新型装饰材料。软木世界年产量35万吨，葡萄牙占世界产量的50%以上。

"绿色护照"
——ISO14000 环境管理认证

　　随着社会、经济的不断发展, 越来越多的环境问题摆在了我们面前, 面对如此严峻的形势, 人类开始考虑采取一种行之有效的办法来约束自己的行为, 使各种各样的组织重视自己的环境行为和环境形象; 并希望以一套比较系统、完善的管理方法来规范人类自身的环境活动, 以求达到改善生存环境的目的。

▲　环境问题变得越来越严峻

进入20世纪90年代以后，环境问题变得越来越严峻。1993年6月，国际标准化组织成立的ISO/TC207环境管理技术委员会颁布了ISO14000系列标准，将环境管理工作纳入国际化标准轨道。ISO为该14000系列标准共预留100个标准号。该系列标准共分七个系列，其编号为ISO14001—14100。它包括了环境管理体系、环境审核、环境标志、生命周期分析等国际环境管理领域内的许多焦点问题，旨在指导各类组织取得和表现正确的环境行为。

ISO14001标准具有广泛的适用性，它的用户可以是全球的商业、工业、政府和非盈利组织。

国际标准化组织ISO是世界上最大的非政府性国际标准化机构，它成立于1947年2月，主要从事各行业国际标准的制定，从而促进世界范围内各国贸易的友好往来以及文化、科学、技术和经济领域内的合作。ISO自成立以来，已经制定并颁发了许多国际标准，其下设若干个技术委员会，其中第176技术委员会(TC176)制定和颁布了ISO9000质量管理体系系列标准。

ISO14000标准的目的是促进生产者改进其环境行为

它以消费者行为为根本动力，ISO14000标准强调的是非行政手段，用市场、用人们对环境问题的共同认识来达到促进生产者改进其环境行为的目的。它采用自愿性的标准，不带任何强制性，企业建立环境管理体系、申请认证完全是自愿的。同时，它以各国的法律、法规要求为基准，整个标准没有对环境因素提出任何数据化要求。

ISO14000环境管理认证被称为国际市场认可的"绿色护照"，获准通过认证，无疑就获得了"国际通行证"。供世界各国共同使用的ISO14000系列标准，可以消除各国对环境保护的壁垒，发展对外贸易，提高企业产品在国际市场上的竞争能力和信誉。欧洲国家曾宣布，电脑产品必须具有"绿色护照"方可入境，美国能源部规定，政府采购的物品只有取得认证的厂家才有资格投标。

ISO14000系列标准 标准号分配表		
	名　称	标　准　号
SC1	环境管理体系（EMS）	14001—14009
SC2	环境审核（EA）	14010—14019
SC3	环境标志（EL）	14020—14029
SC4	环境行为评价（EPE）	14030—14039
SC5	生命周期评估（LCA）	14040—14049
SC6	术语和定义（T&D）	14050—14059
WG1	产品标准中的环境指标	14060
	备用编号	14061—14100

　　企业实施ISO14000系列标准，则可以提高企业形象，增加企业的市场竞争力。因为在今后的市场竞争中，消费者不仅关心产品的价格与质量，还会留意它们的环境保护能力。

　　ISO14000标准提供了一个管理框架，为企业建立完整、有效的环境管理体系提供了具体的方法和手段。使企业可以对产品设计、原材料、能源使用、生产工艺、产品销售等进行生产全过程环境管理控制，合理利用能源和原材料，减少废弃物和污染物的产生。从这个意义上讲，实施ISO14000系列标准将可持续发展的思想落到了实处。

环保节日

　　保护环境已经是一项刻不容缓的的任务！庆幸的是，人们的环保意识越来越强，世界上与环保有关的节日也是越来越多！大家是否知道，世界上有哪些与环保有关的节日呢？接下来，让我们为大家着重介绍几个环保节日吧！

▲　世界水日旨在提高公众保护水资源的意识

世界湿地日——2月2日

1971年2月2日，来自18个国家的代表在伊朗的拉姆萨尔签署了《关于特别是作为水禽栖息地的国际重要湿地公约》。为了纪念这一创举，1996年10月湿地公约第19次常委会决定将每年2月2日定为世界湿地日。

世界水日——3月22日

1993年1月18日，第47届联合国大会根据联合国环境与发展大会制定的《21世纪行动议程》提出的建议，确定每年的3月22日为"世界水日"。水日的确定，旨在提高公众保护水资源的意识。会议还提请各国政府要根据自己的国情，在这一天就水资源的开发与保护开展一些具体的活动。

世界气象日——3月23日

1960年6月，世界气象组织执委会第20届会议决定，把世界气象组织的成立日（也是《国际气象组织公约》生效日）—— 3月23日定为"世界气象日"。

丹尼斯·海斯（Dennis Hayes）被誉为"地球日之父"，是美国著名的环境主义者。因为对环保事业所做的贡献而获得多项荣誉奖励，曾被全美奥杜邦协会评为100个最杰出的环保人士之一。丹尼斯·海斯认为，最重要、最有效的办法是教育孩子，让他们从小就懂得爱护环境。

蓝色星球——高科技与环保

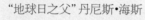

"地球日之父" 丹尼斯·海斯

世界地球日——4月22日

1969年, 美国民主党参议员盖洛德·尼尔森
(Gaylord Nelson) 提议, 在美国各大院校举办有
关环保问题的讲演会。不久, 美国哈佛大学法学
院的学生丹尼斯·海斯将尼尔森的提议扩展为在

全美举办大规模的社区环保活动, 在1970年4月22日这天, 美国有2000多万人参加了这一活动。这是人类有史以来第一次规模宏大的群众性环保运动。1990年4月22日, 140多个国家共2亿多人同时在世界各地举行多种多样的环保宣传活动, 呼吁改善全球整体环境。这项活动得到了联合国的肯定。 2009年4月22日, 第63届联合国大会决定将每年的4月22日定为"世界地球日"。

国际生物多样性日——5月22日

由153个国家签署的《保护生物多样性公约》于1993年12月29日正式生效。为了纪念这一日子, 1994年12月, 联合国大会决定将每年的12月29日定为"国际生物多样性日", 以提高人们保护生物多样性的意识。2001年, 第55届联合国大会将国际生物多样性日改为每年的5月22日。

世界环境日——6月5日

1972年6月5~16日, 联合国在瑞典首都斯德哥尔摩召开了人类环境会议。这是人类历史上第一次在全世界范围内研究保护人类环境的会议。会议建议将大会的开幕日定为"世界环境日"。同年10月, 第27届联合国大会通过决议接受了这一建议。

孙中山先生与植树节: 孙中山先生生前十分重视林业建设。早在1893 年, 孙中山先生就说过: "急兴农学, 讲究树艺"、"我们研究到防止水灾和旱灾的根本方法都是要造森林, 要造全国大规模的森林"。1925 年 3 月 12 日, 孙中山先生与世长辞。为了纪念国父孙中山先生, 国民政府把每年的 3 月 12 日定为"植树节"。

此外，还有很多的环保节日呢，比如6月17日——世界防治荒漠化和干旱日、7月11日——世界人口日、9月16日——世界保护臭氧层日、10月16日——世界粮食日等等！

环境保护并不在于节日的多少，也不在于节日的形式。重要的是，环保意识在人们心目中的深度！当环保渐渐成为我们的习惯，这些节日就会渐渐成为历史。

环境保护重要的是环保意识